MOTOR-POSTEN

Dr. G. SCHAETZEL,

K. POSTOFFIZIAL.

TECHNIK UND LEISTUNGSFÄHIGKEIT
DER HEUTIGEN SELBSTFAHRERSYSTEME
UND DEREN VERWENDBARKEIT FÜR
DEN ÖFFENTLICHEN VERKEHR.

VERLAG VON R. OLDENBOURG.

1901.

Skizze.

Quellen.

Bauer, Fuhrkolonne, Motorfahrzeug und Feldbahn. (Sonderabdruck aus Heft 1, 2 und 3 der Kriegstechnischen Zeitschrift 1900.) Berlin, S. Mittler und Sohn 1900.

Dr. E. Müllendorff und F. Kübel: Die Automobilen, ihr Wesen und ihre Behandlung. Berlin 1900.

Zeitschrift des Vereins deutscher Eisenbahnverwaltungen. Jahrgang 1899 und 1900.

Allgemeine Automobilzeitung. Jahrgang 1900.

Das Fahrzeug. Jahrgang 1899 und 1900.

Der Motorwagen. Jahrgang 1900 und 1901.

Stolze Worte sind es, die Ghega vor ungefähr fünfzig Jahren an der Wiege des modernen Verkehrs niedergeschrieben hat:

»Durch die Eisenbahnen verschwinden die Distanzen, die materiellen Interessen werden gefördert, die Kultur gehoben und verbreitet.«

Ein Blick auf das verflossene Jahrhundert bestätigt sie:

Die Eisenbahnen haben Stämme und Nationen räumlich und geistig näher gerückt, die Kreise der gegenseitigen Wechselbeziehungen erweitert, zur Ausgleichung der Gegensätze der Rassen beigetragen. Sie haben durch rasche und gleichmäfsige Regulierung von Angebot und Nachfrage des Weltmarktes den National-Wohlstand gehoben. Das geflügelte Rad hat im Dienste der Kultur ein einigendes Band um die Erde geschlungen, die geistigen Errungenschaften allen Völkern zugänglich gemacht, das Kulturniveau der Gesamtheit gehoben; es hat dem modernen Erfindungsgeiste die vornehmste Waffe. geschaffen, die ewigen Kräfte der Natur dem Bedürfnisse der Menschheit dienstbar zu machen, die vorher ungeahnten Leistungen der heutigen Technik ermöglicht.

Die durch die Eisenbahnen begründete Intensität des Verkehrs, wohl die letzte Ursache dieser Erscheinungen, ist die Signatur unseres Zeitalters geworden.

Doch ist der Ausbau des modernen Verkehrs noch nicht zum Abschlufs gediehen: Die von dem Schienennetze der Eisenbahn und dessen Vorteilen unmittelbar berührten Strecken und Orte bilden noch die Minderheit, während sich dem gröfseren Prozentsatze unseres Volkes nur die Schattenseite der

Intensität des heutigen Verkehrs zeigt: Die durch die Eisenbahnen inaugurierte Umwälzung des gesamten Wirtschaftslebens hat eine Verschärfung des Konkurrenz- und Existenzkampfes gebracht, in welchem der mit den raschen und billigen Verkehrsmitteln operierende Teil unter sonst gleichen Bedingungen seinem Gegner weit überlegen ist.

Hier gleiche Basis zu schaffen, ist ein wichtiges Problem im Interesse der Wohlfahrt unseres Vaterlandes, ein Postulat der Billigkeit.

Diesem Bedürfnisse nach einem harmonischen Abschlusse des modernen Verkehrswesens vollauf zu genügen, sind die Eisenbahnen nicht im stande, da der Fortführung des Schienennetzes über eine bestimmte Grenze finanzielle und technische Schwierigkeiten im Wege stehen. Die heutigen Fortsetzungen der Verkehrsadern ins offene Land: die Pferdeomnibuslinien entbehren der Fähigkeiten, die einen gleichmäfsigen Anschlufs an die Intensität des Gesamtverkehrs erhoffen liefsen. Diese Lücke im heutigen Verkehr auszufüllen, einen ebenbürtigen Anschlufs an den mechanischen Betrieb der Eisenbahnen zu gewinnen, sind nur mechanische Kräfte berufen: Wenn nicht alle Anzeichen trügen, scheint in dem »Selbstfahrer« dieses Mittel erstanden zu sein. Die überraschend schnelle Verbreitung desselben und das frisch pulsierende Leben, das sich allenthalben auf dem Gebiete des Automobilismus entwickelt, scheint seine Erklärung darin finden zu wollen, dafs unser Verkehrsleben thatsächlich eines Fördermittels bedarf, wie es der Selbstfahrer bietet, dafs seine Entwicklung spontan auf letzteren hinweist, dafs der Selbstfahrer ein Bedürfnis geworden ist.

I. Geschichte des Automobilismus.

Der Gedanke, Selbstfahrer, d. h. Fahrzeuge zu konstruieren, welche die mechanische Bewegung einer mit sich geführten Arbeitsenergie entnehmen, ist, so neu er zu sein scheint, klassischen Ursprungs. Wir begegnen demselben bereits in der Dampfkugel des Heron von Alexandrien.

Kein Geringerer als Newton war es, der denselben wieder aufgenommen und in einem Fahrzeuge verkörpert hat.

Bacon und Leibnitz haben sich mit ihm beschäftigt, ohne jedoch ihre theoretischen Spekulationen in die Praxis umzusetzen.

James Watt nahm im Jahre 1784 ein Patent auf die Anwendung des Dampfes zur Wagenbeförderung. Sein Mitarbeiter Murdoch konstruierte im selben Jahre ein Dampfdreirad, das mit 12 km Geschwindigkeit in der Stunde lief.

In Deutschland begegnen wir dem ersten Selbstfahrer im Jahre 1649. In diesem Jahre baute ein Mechaniker Hans Hautsch in Nürnberg ein Gefährte, von dem die Chronik erzählt:

»Das also frei geht und bedarf keiner Vorspannung, weder von Pferden noch anders. Und geht solcher Wagen in einer Stund 2000 Schritt; man kann still halten, wenn man will, man kann fortfahren, wenn man will, und ist doch alles von Uhrwerk gemacht.«

Die Franzosen beginnen ihre »histoire des automobiles« mit dem Jahre 1690, in welchem Elie Richard einen Wagen gebaut haben soll, in welchem man sich ohne Pferde fortbewegen konnte. Der Wagen sei von einer rückwärts sitzenden Person mittels eines im Wagenkasten verborgenen Zahnradgetriebes in Bewegung gesetzt worden, während die Lenkung des Wagens vom Vordersitz aus erfolgte. Diese Art der Kraftübertragung durch Zahnräder wurde adoptiert von dem französischen Offizier Jos. Cugnot, der im Jahre 1769 für militärische Transportzwecke einen »Dampfblockwagen« konstruierte, der den bis dahin den Deutschen gehörenden Weltrekord von 1,6 km Geschwindigkeit pro Stunde mit 5 km Geschwindigkeit pro Stunde bei 2500 kg Lastbeförderung schlug.

Zur selben Zeit erfand der Amerikaner Olivier Evans ein sich selbst bewegendes Fahrzeug, dessen Resultate indessen wenig befriedigten. Nicht viel besser erging es den Fahrzeugen von Vivian, welcher Evans Ideen aufgenommen hatte.

Der erste wirklich längere Zeit fahrende Straßenwagen wurde 1804 in London gebaut. 1805 konstruierte Richard Trevethik den ersten auf Schienen laufenden Dampfwagen und erreichte mit demselben eine Geschwindigkeit von 8 km p. h. bei einer Belastung von 10 t; gleich seinen Zeitgenossen hielt auch er eine Vorrichtung zur Herstellung der nötigen Adhäsion für geboten und konstruierte zu diesem Zwecke Nagelköpfe, welche durch Eingreifen in eine neben den Schienen laufende Holzbahn die Fortbewegung ermöglichen sollten. Erst George Stephenson lieferte den Nachweis, daſs das bloſse Reibungsgewicht der Maschine hinreiche, um sie selbst auf Eisenschienen zur Beförderung gröſserer, das Maschinengewicht beträchtlich übersteigender Lasten in den Stand zu setzen. Es war am 27. September 1825, als er mit der von ihm erbauten Adhäsionsmaschine den ersten mit 500 Personen besetzten Zug von Stockton nach Darlington mit einer Geschwindigkeit von 10 km p. h. an sein Ziel brachte. Der Nachweis der Lebensfähigkeit einer Schienenbahn war damit erbracht.

Motor und Schienenweg blieben nun auch auf lange Zeit miteinander verbunden; ja der gewaltige Siegeslauf, den das neue Verkehrsmittel der Eisenbahnen durch die Welt nahm, lieſs das Bedürfnis für längere Zeit zurücktreten, Selbstfahrer auf schienenlosem Wege zu erproben. Die bestechenden Erfolge der Eisenbahnen führten alle weiteren Versuche zur Anwendung des Dampfes als motorische Energie; und dieses Moment war es wohl, das immer wieder den Vergleich mit dem leistungsfähigeren Massenbetrieb der Schienenwege herausforderte und so der weiteren Entwicklung des ursprünglichen Prinzips hinderlich war.

So verlegten sich die französischen Erfinder Revon, Pecqueur, Galy-Cazalat ausschlieſslich auf den Bau von Dampfstraſsenlokomotiven, die in Construktion und Betriebsart eine unverkennbare Anlehnung an die Eisenbahnlokomotiven aufwiesen. Auch die in England konstruierten Modelle sind Dampfmotoren. Ganz beachtenswerte Leistungen erzielten die von Hancok erbauten Dampfomnibusse, deren etwa 20 dem allgemeinen Verkehre dienten; dieselben erreichten eine Geschwindigkeit von 24 km p. h. Allein, sei es, daſs der mangelnde Comfort der Wagen, sei es, daſs einige Unglücksfälle die Schuld trugen, die öffentliche Meinung wandte sich gegen die Hancokschen Wagen, und schlieſslich wurde sogar gesetzlich gegen sie eingeschritten.

Eine längere Ingebrauchnahme war erst den anfangs der 70er Jahre von Bollée in Le Mans erbauten Dampfmotoren verbeschieden: dieselben wiesen einen äuſserst sinnreich erdachten Gesamtmechanismus auf und waren zu einer Geschwindigkeit von 25 km p. h. befähigt. Allein auch sie verschwanden schlieſslich wieder aus dem Verkehre.

So weit wir zu übersehen vermögen, haben sich von den verschiedenen Dampfmotorsystemen lediglich zwei als gebrauchsfähig erwiesen: die Konstruktionen von Scotte und Serpollet. Auf dieselben wird zurückgekommen werden.

Neues Leben auf dem Gebiete des Automobilismus entfaltete sich erst wieder, als mit den zum ersten Male im Jahre 1888 auf der Pariser Weltausstellung erschienenen »Explosionsmotoren« eine neue Betriebskraft auftauchte. Dem deutschen Ingenieur G. Daimler in Cannstatt gebührt das Verdienst, die Verwendbarkeit der in den Explosivstoffen schlummernden Kraft zum Antriebe von Fahrzeugen entdeckt zu haben. Der von ihm zuerst im Jahre 1883 in einem nach vollständig selbständigen Prinzipien konstruierten Automobilmotor realisierte Gedanke hat sich als lebensfähig erwiesen: er wurde in den verschiedensten Systemen aufgegriffen und vervollkommnet, und wir blicken heute auf eine über alle Länder verbreitete, stattliche Anzahl von Industrien zur Fabrikation von Explosionsmotoren.

Inzwischen hatten auch die gewaltigen Errungenschaften in der Erforschung der Elektricität den Bann der Theorie durchbrochen und ihren Lauf durch die Gebiete der praktischen Technik genommen. Kein Wunder, daß sie auch in das Selbstfahrerwesen eindrangen und hier nach kurzer Zeit sich bereits große Eroberungen gemacht haben.

So haben wir nach dem heutigen Stande der Technik drei Klassen von Motoren für Selbstfahrer: D a m p f -, E x p l o s i o n s - und E l e k t r o m o t o r e n.

II. Technik der verschiedenen Systeme.

1. Dampfmotoren.

Die Art der Dampfgewinnung bei Schienendampfwagen ist für den Straßenselbstfahrer nicht anwendbar: vor allem durch die Rücksicht auf die Straßenverhältnisse, welche Erzielung eines möglichst geringen Motorgewichtes gebieten, sodann im Hinblick auf die besonderen Zwecke des Wagens selbst, die eine augenblickliche Bereitstellung des Dampfes, beliebige Regulierbarkeit der Dampfquantität und, bei Anhalten des Wagens, sofortige Einstellung der Dampfentwicklung erfordern.

Das Prinzip der Kraftgewinnung der Dampfselbstfahrer ist daher ein eigenartiges; dasselbe ist aber auch bei allen Systemen im Grunde gleich. Man beschränkt sich daher auf die Vorführung der Type, die vorbildlich für alle Dampfselbstfahrer geworden ist, des bereits erwähnten Serpollet-Wagens.

Derselbe setzt sich aus folgenden Einzelteilen zusammen: dem Dampfkessel oder Dampferzeuger, dem Dampfmotor, den für die Erzeugung der Hitze erforderlichen Petroleumbrennern, den Speisevorrichtungen für Wasser und Brennmaterial, den Dampfkondensatoren, den Vorratsbehältern für Wasser und Petroleum und den nötigen Steuerungsorganen.

Der Dampferzeuger ist ein Augenblicksverdampfer oder ein Schnelldampferzeuger, d. h. die in den Kessel durch die Speisepumpe eingeführte Wassermenge wird im Augenblick in Dampf verwandelt und dem Motor zugeführt. Der Dampferzeuger, Generator genannt, besteht aus schlangenförmig gewundenen Rohren, die im Querschnitt die Form eines liegenden C besitzen (Fig. 1) und deren Lichtweite so gering ist, daß eigentlich nur von einem 10—20 mm starken Metallkörper mit etwa 1 mm weiter Spalte die Rede sein kann. In den unteren Teil der Rohre bezw. des ein Ganzes bildenden Rohres wird das Wasser mittels der Speisepumpe eingespritzt, aus dem oberen Ende tritt der entwickelte Dampf aus. Dieser Kessel hat eine verhältnismäßig sehr große Heizfläche, so daß die Hitze des Brennmaterials so ausgiebig wie nur möglich mit dem Wasser in Berührung kommt. Es ist ferner die Einrichtung getroffen, daß Speisewasser sowohl als Brennmaterial stets nur in der Menge dem Kessel zugeführt werden, als für den Augenblick erforderlich ist. Beim Stillstand befindet sich im Kessel kein Wasser, und die Brenner erhalten keine Zufuhr an Petroleum. Andererseits ist bei einem grofsen Wasservorrat im Kessel eine starke Flamme infolge verstärkter Petroleumzufuhr vorhanden. Dieses wechselseitige Verhältnis der Zufuhr von Speisewasser und Petroleum ist ein konstantes und wird automatisch durch die Speisevorrichtung geregelt, so dafs der Führer des Wagens sich um die richtige Zufuhr resp. um das richtige Verhältnis zwischen Speisewasser und Petroleum nicht zu kümmern braucht. Auch ist durch dieses konstante Verhältnis zwischen Speisewasser und Petroleum

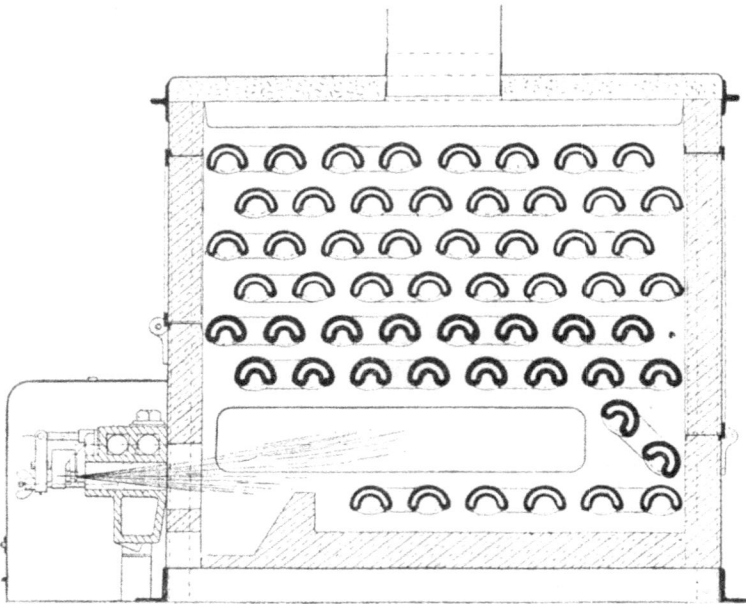

Fig. 1. Kessel des Serpolletwagens.

die Explosionsgefahr des Kessels auf ein Minimum beschränkt, denn infolge Wassermangels kann hier eine Überhitzung nicht eintreten, da bei geringem Wasservorrat im Kessel auch nur eine geringe oder gar keine Zufuhr von Brennmaterial zu den Brennern stattfindet.

Diese Kessel sind für einen Atmosphärendruck von 1—25 kg pro 1 qcm konstruiert und liefern stets nur überhitzten Dampf von gleichmäfsiger Temperatur (etwa 350° C.).

Der Petroleumverbrauch beträgt nach Angabe Serpollets $1^{1}/_{4}$ l = 1–1,10 kg Petroleum pro Stunde und Pferdekraft effektiv; dies bedeutet einen Preis von 18 ₰ pro Stunde und Pferdekraft bei einem Rohpetroleumpreise von 15 ₰ p. l.

Würde man statt des Petroleums Koks oder Steinkohlen verwenden, so würde man bei einer mittleren Eintrittsspannung des Dampfes von

10 Atm. ca. 1,3 kg Kohle pro Stunde und Pferdestärke brauchen, was einem Werte von 4 ₰ gleichkommt unter Zugrundelegung eines Preises von 1,50 ℳ pro Centner Kohle.

Das Kesselgewicht beträgt ca. 6,8 kg pro 1 PS; ist also ziemlich gering.

Die Speisevorrichtung besteht aus zwei neben einander liegenden einfachen Kolbenpumpen, welche von einem gemeinsamen Hebel bethätigt werden. Die größere dieser Pumpen ist für die Wasserzufuhr zum Kessel und die kleinere für die Petroleumzufuhr zu den Brennern bestimmt. Das Hubvolumen beider Pumpen ist derartig dimensioniert, daß das Verhältnis zwischen dem zugeführten Speisewasser und Petroleum, wie schon erwähnt, ein konstantes ist. Der gemeinsame Antriebshebel beider Pumpen erhält seinen Hub durch eine verschiebbare Excenterwelle. Auf dieser sind neben einander sieben Excenterscheiben aufgekeilt, bei denen die Excentricität, von 0 beginnend, stets um 2 mm wächst. Durch eine Verschiebung dieser Excenterwelle hat es der Führer in der Hand, dem Kessel je nach Bedarf eine größere oder geringere Menge von Speisewasser und Brennmaterial zuzuführen. Mit der Speisevorrichtung stehen in direkter Verbindung der Wasserbehälter und das Petroleumreservoir. Letzteres steht unter Luftdruck, welcher mit Hilfe einer kleinen Handpumpe erzeugt wird.

Das Druckrohr der Speisewasserpumpe steht einerseits mit dem Kessel in Verbindung, andererseits mit einem Sicherheitsventil. Auf letzteres wirkt auch der im Kessel erzeugte Dampf in der Weise ein, daß beim Überschreiten der zulässigen Spannung von 25 Atm. das Sicherheitsventil geöffnet wird und das Wasser direkt wieder in den Wasserbehälter zurücktritt, um wieder zum Kessel zu gelangen.

Dieses Sicherheitsventil ist ferner mit einem Handhebel ausgerüstet, mit dessen Hilfe man den Kessel entleeren kann, was bei längerem Stillstand des Wagens erforderlich ist. Das im Kessel enthaltene Wasser wird alsdann durch den noch vorhandenen Dampfdruck in das Wasserreservoir zurückgedrückt. Zwischen Kessel und Motor ist ein automatisches Absperrventil eingeschaltet, welches sich selbstthätig schließt und mittels eines Fußhebels geöffnet wird. Der Führer ist also genötigt, stets seinen Fuß auf diesen Hebel zu halten, damit Dampf in den Motor eintritt. Er kann behufs Verlangsamung der Fahrt den Fuß etwas anheben und den Dampf entsprechend drosseln. Bei der Bremsung ist er gezwungen, einen anderen Fußhebel zu bedienen, und hebt daher den Fuß vom Ventilhebel ab. Verläßt er den Wagen, so ist das Dampfeintrittsventil von selbst geschlossen und der Wagen kann durch Unberufene nicht in Gang gesetzt werden.

Der Motor ist ein viercylindriger, einfach wirkender Kolbenmotor, bei welchem zwei Cylinderpaare einander gegenüberliegen und um 90° mit einander gekuppelt sind. Derselbe ist horizontal angeordnet und ist die Kurbelwelle und die mit ihr durch Zahnräder verbundene Steuerwelle in einem mit Öl gefüllten Gehäuse untergebracht. Jeder Cylinder hat ein Einlaß- und ein Auslaßventil, welches durch Federdruck geschlossen gehalten wird.

Die Öffnung dieser Ventile erfolgt stoßfrei seitens einer mit excentrischen Scheiben versehenen Steuerwelle. Dieselbe ist für jeden Cylinder derartig angeordnet, daſs auf die Ventilspindeln entweder eine cylindrische Rolle oder zwei nach entgegengesetzten Seiten excentrisch gestaltete Rollen einwirken. Steht die cylindrische Rolle der Ventilspindel gegenüber, so wird dieselbe nicht gehoben und der Motor steht still, während die beiden Excenter die Ventile für den Vor- bezw. Rückwärtsgang bethätigen. Diese excentrischen Rollen sind aufserdem mit zunehmender Excentricität konstruiert, so daſs der Führer durch Verschiebung derselben den Füllungsgrad des Motors beliebig verändern kann. Es bedarf also zur Vor- und Rückwärtsfahrt, zum Anhalten sowie zur Verminderung des Füllungsgrades nur eines einzigen Kurbelgriffes, mit welchem man die Steuerwelle verschiebt. Der Motor erhält höchstens zwei Übersetzungen, arbeitet aber auch direkt mit Hilfe eines Kettenrades und einer Gelenkkette auf die Hinderräder des Fahrzeuges.

Der die Cylinder verlassende Dampf strömt durch einen mit Eisenhobelspänen versetzten Topf, in welchem sich das Öl abscheidet, und alsdann in den Oberflächenkondensator, der aus einem schlangenförmig gewundenen Kupferrohr besteht und welcher unter dem Vorderteil des Wagens angebracht und von Luft umspielt ist. Der Dampf bezw. das Kondenswasser gelangt alsdann in den Wasserbehälter, von wo aus die Speisung des Dampfkessels erfolgt. Etwa nicht kondensierte Dampfmengen treten durch ein kleines, auf dem Wasserbehälter angebrachtes Rohr ins Freie.

Die Vorteile des Dampfbetriebes lassen sich zusammenfassen wie folgt:

1. Steigerung bezw. Herabsetzung der Leistungsfähigkeit des Motors ohne Beeinträchtigung der Wirtschaftlichkeit der Dampferzeugung in weitesten Grenzen; ferner Expansions-Ausnutzung. Es sind daher höchstens zwei Übersetzungen erforderlich.

2. Rückwärtsfahren ohne besonderen Reversier-Mechanismus.

3. Sichere Bremsleistung, indem dieselbe entweder bei Schliessen des Dampfventils oder Einschaltung der Rückwärtssteuerung erfolgt.

4. Da Petroleum und Speisewasser überall erhältlich sind, kann der Führer niemals in die Verlegenheit geraten, auf der Strecke infolge Mangels an Betriebsmaterial liegen zu bleiben.

5. Kleine Umdrehungszahl des Motors.

6. Infolgedessen auch keine Überhitzung des Motors.

7. Keine Zündungsvorrichtungen.

8. Fortfall aller gebräuchlichen Sicherheitsapparate: wie Wasserstandsanzeiger, Sicherheitsventil, Manometer u. s. w.

9. Anlaufen des Motors in jeder Stellung.

10. Zuverlässigkeit der sehr einfachen Organe.

11. Geringe Betriebskosten bei Verbrennung von Koks oder Kohle.

12. Geringes Gewicht der gesamten Konstruktion im Vergleich zu der entwickelten Arbeit.

Als Nachteile des Systems sind in Rücksicht zu ziehen:

1. Die hohen Betriebskosten bei Verwendung von Petroleum.

2. Die Kesselsteinbildung. Eine Verminderung derselben wird allerdings erzielt durch folgende Momente:

a) die im Kessel vorhandene starke Wassercirkulation,

b) Verlegung des Verdampfungspunktes in jedem Augenblick,

c) Zurücktreten von Wasser und Dampf beim Aufhören der Speisung.

Wenn auch im Anfang mit Kondenswasser gearbeitet wird, so liegt doch beim Ersatz desselben auf der Landstraße stets die Gefahr vor, stark kalkhaltiges Wasser in den Kessel zu bekommen. In der Praxis wird der vorhandene Kesselstein mit Hilfe verdünnter Säurelösungen des öftern aus dem Kessel entfernt, so daß dieser Nachteil erheblich herabgemindert wird.

Eine Explosionsgefahr des Kessels dürfte nicht vorliegen, da stets nur so viel Wasser eingespritzt wird, als momentan zur Arbeitsleistung der Cylinder gebraucht wird. Diese Menge ist aber bei dem kleinen Cylindervolumen so gering, daß sie stets nur einen kleinen Bruchteil eines Liters ausmacht.

Nach den gewonnenen Erfahrungen scheinen sich die Dampfmotoren gut verwenden zu lassen für Wagen mit höheren Pferdekräften und größere Touren- und Lastwagen, für den Transport längerer Wagenkolonnen für vorübergehende landwirtschaftliche und industrielle Zwecke.

Die dabei in Betracht kommende Wirtschaftlichkeit ihrer Verwendung und ihre Leistungsfähigkeit im Vergleiche zu Wagen der anderen Systeme wird noch zu erörtern sein.

2. Explosionsmotoren.

Ein Explosionsgemisch stellt sich bekanntlich als eine Vereinigung von Stoffen dar, die eine bedeutende Affinität zu einander besitzen und durch eine bestimmte äußere Ursache eine Umwandlung erfahren, bei welcher lebendige Kraft frei wird, die als Energie verwendbar ist. An sich wäre aus der Explosion aller explosiblen Substanzen, wie Schießpulver, Dynamit etc., theoretisch eine Energie zu gewinnen, die mechanische Kraft leisten könnte. In der Praxis der Explosionsmotoren finden wir jedoch nur Gemische von atmosphärischer Luft und verbrennbaren Gasen, wie Wasserstoff, Kohlenoxyd, Wasserstoffkarbide etc. Diese Gase werden teils durch Destillation gewonnen, teils durch Reaktion der Luft oder des Wasserdampfes auf bestimmte Produkte (Wassergas, Hochofengas), teils durch Verdampfung karburierter Flüssigkeiten (Benzin, Alkohol etc.), endlich durch chemische Reaktionen (Acetylen).

Der Umsatz der chemischen Energie der Explosionsstoffe in mechanische Arbeit vollzieht sich nach dem sogenannten »Viertakt«. Die Quintessenz jedes Explosionsmotors ist ein an einer Seite luftdicht geschlossener Arbeitscylinder, in dem ein luftdicht gegen die Cylinderwand abschließender Kolben hin und her bewegt werden kann. Durch eine im Mittelpunkte seiner Aussenfläche gelenkig befestigte »Pleuelstange« ist dieser Kolben mit einer auf der Achse des Motorrades (Schwungwelle) angebrachten Kurbel in Verbindung gesetzt. Durch die Vorwärtsbewegung des luftdicht abschließenden Kolbens zur Cylinderwand wird in den luftleeren Raum des Cylinders das Explosionsgemisch eingesaugt: »Erster Takt des Kolbenspiels«. Durch den Rückgang des Kolbens wird das im Cylinder befindliche Gemisch zusammengepreßt: »Zweiter Takt.« Nun hat seitens der Zündvorrichtung die Entzündung des komprimierten Gemisches zu erfolgen; die eintretende Explosion stöfst den Kolben zur Cylinderwand: »Dritter Takt.« Die so gewonnene mechanische Arbeit wird durch Pleuelstange und Kurbel auf die Schwungwelle übertragen und diese in rapide Umdrehung versetzt. Infolge der Intensität dieser Bewegung wird der Kurbelzapfen über den tiefsten Punkt seines Kreisganges hinausgeführt und auf der anderen Seite wieder zum Ansteigen gebracht; damit treibt die Pleuelstange von Neuem den Kolben nach oben: »Vierter Takt.« Durch diesen Gang werden die noch im Cylinder befindlichen gasigen Verbrennungsprodukte aus dem Cylinder hinausgetrieben. Die Kurbel schwingt weiter und veranlafst von neuem den ersten und zweiten Takt des Kolbenspiels, nach welchem eine weitere Explosion erfolgt, deren Kraft, wie beschrieben, ein viermaliges Zurücklegen des Kolbenweges im Cylinder bewirkt.

Durch eine in der Nähe des Cylinderbodens befindliche Öffnung wird die Ansaugung des Explosionsstoffes beim ersten Takt ermöglicht, während

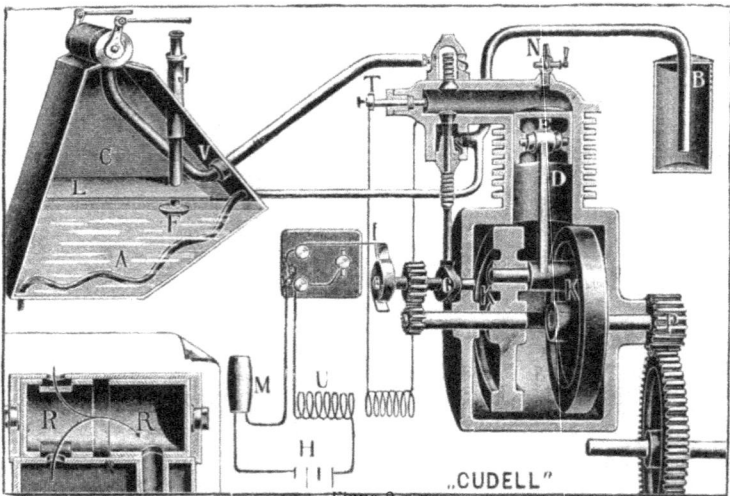

Figur 2.

durch eine zweite, dort angebrachte Öffnung das Ausströmen der verbrannten Gase ins Freie erfolgt. Es ist klar, dafs die zweite Öffnung während des ersten Taktes der Kolbenbewegung geschlossen sein mufs, anderseits ersterwähnte Öffnung nicht geöffnet sein darf, während der Druck des zurückgehenden Kolbens (vierter Takt) die verbrannten Gase durch letztere ausstöfst. Die richtige und rechtzeitige Funktion beider Öffnungen wird durch je ein Ventil erreicht, welches dieselben zur rechten Zeit schliefst und wieder öffnet (Ansaugeventil und Auspuffventil).

So weit die theoretischen Prinzipien des Motorganges. Dieselben sollen an einem Schnitt durch einen Benzinmotor veranschaulicht werden (Fig. 2.)

Der in dem Cylinder *D* bewegliche Kolben *E* überträgt durch eine Kurbel seine Bewegung auf das Schwungrad *K*. Dasselbe ist auf der Arbeitswelle des Motors aufgekeilt, auf deren rechter Seite ein Zahnrad *P* angebracht ist, das durch Eingreifen in ein zweites Zahnrad die Arbeit des Motors auf den Wagen überträgt. Durch die Ansaugethätigkeit des Kolbens im ersten Takt wird das Saugventil S automatisch geöffnet und das im Vergaser (Behältnisse C) aus der entsprechenden Mischung von Benzin und Luft gewonnene Gasgemenge durch das Rohr $V—S$ angesaugt. Sobald die Saugperiode beendet ist, schließt sich des Ventil S von selbst wieder durch Einwirkung einer Feder. Die Entzündung des nun luftdicht im Laderaum abgeschlossenen Gasgemenges wird durch Überspringen des (auf elektrischem Wege erzeugten *) Zündfunkens von dem in den Laderaum mündenden Ende der Zündkerze T auf den dicht daneben befindlichen Endpunkt des Drahtes der Sekundärleitung verursacht. Das Auspuffventil S wird durch einen Excenter G gesteuert, der sich auf einer durch ein Zahnradpaar von der Hauptachse angetriebenen Nebenachse befindet. Das eine dieser Zahnräder ist doppelt so grofs als das andere, so dafs der Excenter bei jeder zweiten Umdrehung, und zwar je bei Beginn des vierten Taktes, das Auslafsventil öffnet. Die durch den Rückgang des Kolbens im vierten Takt zurückgetriebenen Verbrennungsprodukte entweichen daher durch das Auslafsventil und treten durch den »Auspufftopf« B ins Freie.

Während man ursprünglich die Entzündung des Gasgemisches durch Glührohre bewirkte, die man durch Benzin- bezw. Petroleum-Dampflampen in Erhitzung setzte, ist man neuerdings infolge der Unzuverlässigkeit und Gefährlichkeit der Glührohrzündung immer mehr zur Anwendung elektrischer Zündung gelangt. Bei allen elektrischen Zündungen führt ein Leitungsdraht durch eine Isolierhülse in das Innere des Laderaumes, wo er dem

Figur 3. Seitenansicht eines Benzinmotors (der [Firma Cudell & Cie., Aachen).

elektrischen Strome eine Unterbrechungsstelle darbietet, die durch den Zündfunken übersprungen werden mufs. Bei der in Fig. 2 abgebildeten elektrischen Zündung von Cudell & Co. in Aachen wird der elektrische Funke in folgender Weise erzeugt: Ein durch einige galvanische Elemente oder einen kleinen Accumulator erzeugter elektrischer Strom umkreist ein Spule U und wird durch

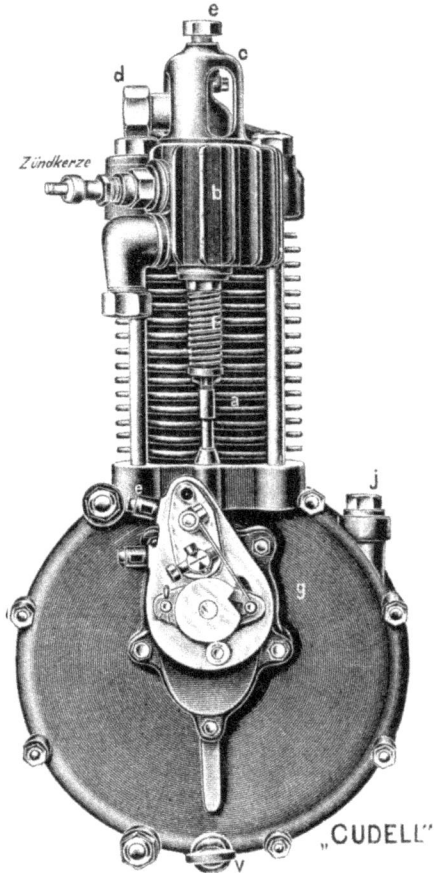

*) Siehe nachfolgende Skizzierung der Cudellschen Zündung.

die von der Nebenachse des Motors selbst bewegte Unterbrechungsscheibe *J* bezw. eine auf derselben befindliche Kontaktfeder zu gewissen Zeiten, nämlich immer bei der zweiten Umdrehung der Hauptwelle, unterbrochen. Durch diese plötzlichen Stromunterbrechungen entsteht in einer zweiten, aus vielen Windungen dünnen, umsponnenen Kupferdrahtes gebildeten Spule (der Sekundärspule) jedes Mal eine kurzdauernde elektromotorische Kraft von so hoher Spannung, daſs die im Laderaume befindliche Unterbrechungsstelle des zweiten (sekundären) Stromkreises durch einen Funken von solcher Intensität übersprungen wird, daſs dadurch die Entzündung des Gasgemisches erfolgt. Die Benutzung galvanischer Elemente oder Accumulatoren wird durch magnetelektrische Zündung entbehrlich gemacht, indem bei dieser Zündung der Funke dadurch erzeugt wird, daſs ein drahtbewickelter Eisenkörper (Anker) rasch in einem starken, durch Stahlmagneten erzeugten magnetischen Felde bewegt wird. Die dadurch in der Ankerspule entstehende elektromotorische Kraft bewirkt das Überspringen eines Funkens an der Unterbrechungstelle im Laderaum. Die Vorteile der elektrischen Zündung sind die rasche Inbetriebsetzung, die Zündung im Innern des Cylinders, die Möglichkeit, den Zeitpunkt der Zündung zu verändern, und der Ausschluſs jeder Feuersgefahr.

Um den Gang der Motoren zu regulieren und eine ökonomische Arbeit zu erzeugen, wendet man ziemlich allgemein Regulatoren an, die ein Aussetzen der Ladungen und dadurch eine Änderung der Geschwindigkeit bewirken entweder durch Abstellen der Stoffzufuhr oder durch Offenlassen des Auslaſsventils und Schlieſsen des Einlaſsventils.

Einen besonderen Bewegungsmechanismus erfordert die Steuerung der Ventile. Der Zweck des aus Zahnrädern, Schaltwerken oder Schleifbahnen bestehenden Getriebes beruht darin, daſs während der zweimaligen Umdrehung der Kurbelwelle die Bewegung der Ventile nur einmal erfolgt; da eine zweimalige Umdrehung der Kurbelwelle zwei Vor- und zwei Rückwärtsbewegungen des Kolbens, d. i. vier Takte, voraussetzt, wird so das Ventil immer während des gleichen Taktes geöffnet, zu dem es jeweils in Funktion zu treten hat.

Die durch die Explosionen entwickelten hohen Temperaturen, welchen die Cylinderwandungen ausgesetzt sind, müssen durch entsprechende Vorkehrungen herabgemindert werden, um eine zu starke Abnutzung der von der Hitze zunächst berührten Teile des Motors zu vermeiden. Als Kühlungsmaterial verwendet man Wasser und Luft; für starke Motoren genügt Luftkühlung allein nicht. Die Wasserkühlung besteht darin, daſs man aus einem Reservoir mittels einer vom Motor getriebenen Pumpe durch eine Röhrenleitung um den Cylinder Wasser zirkulieren läſst, dessen Abgang von Zeit zu Zeit zu erneuern ist, wodurch der Cylinder konstant von Wasser umgeben bleibt. Beim Kühlen durch Luft verwendet man parallel angeordnete flache Rippen, welche an den Cylinder gegossen sind und der Luft eine groſse Oberfläche darbieten.

Bei den beträchtlichen Geschwindigkeiten, für welche die Selbstfahrer eingerichtet sind, sind zuverlässig wirkende Bremsen für die Betriebssicherheit unerläſslich. Die Selbstfahrer werden daher in der Regel mit zwei starken Bremsen ausgerüstet, von welchen die eine mit der Hand, die andere mit dem Fuſse zu bethätigen ist. Da eine Bremsvorrichtung, welche auf die Radkränze der Hinterräder wirkt, bei Gummibezug eine rasche Abnutzung oder Beschädigung des Gummis zur Folge hätte, so ist eine solche Bremse nur mit Vorsicht zu gebrauchen, und man zieht zum raschen Anhalten die Fuſsbremse vor, welche bei den meisten Selbstfahrern doppeltwirkend für Vorwärts- und Rückwärtsgang konstruiert, auf eiserne Scheiben mittels eines Bremsbandes einwirkt.

Da der Explosionsmotor nicht im stande ist, seine Richtung umzukehren, so muſs durch ein unabhängiges Umsteuergetriebe die Triebwelle zur Bewegungsumkehr gebracht werden. Hierzu wird entweder eine fliegend angeordnete Reibungsscheibe, auf welcher eine Reibungsrolle hin und her geführt wird, unter entsprechender Anpressung verwendet, oder es werden Reibungsräder auf verschiedenen Seiten einer Rolle angepreſst, oder drittens der Rückwärtslauf durch ein Zahnradgetriebe bewirkt.

Um die vom Motor erzeugte Arbeit auf das Fahrzeug zu übertragen, bedarf es besonderer Vorrichtungen. Es liegt im Prinzip des Explosions-motors, daſs jeder Motor seine höchste Leistung bei einer bestimmten An-zahl der Umdrehungen: »Tourenzahl« erreicht, die für jeden einzelnen Motor besonders berechnet werden. Es ist daher für die ökonomische Arbeits-leistung am zweckmäſsigsten, während der Fahrt die Umdrehungsgeschwindig-keit möglichst konstant zu erhalten. Die Anordnungen für die Arbeitsüber-tragung müssen daher derart sein, daſs der Motor im stande ist, sowohl in der Ebene als bei Steigungen gleichmäſsig zu arbeiten, und daſs die Mög-lichkeit gegeben ist, die Geschwindigkeiten zu ändern, sowie den Motor nach Belieben ein- und auszuschalten, ohne seine Thätigkeit aufzuheben.

Die Arbeitsübertragung wird entweder durch Zahnräder, Riemen oder Friktionsscheiben bewirkt. Zahnräder haben den Vorteil der gröſseren Sicher-heit der Übertragung bei geringem Arbeitsverluste, während bei Riemen infolge ihrer Kürze und der dadurch bedingten ungünstigen Übertragungs-verhältnisse ein gröſserer Verlust eintritt. Dagegen stellt sich die Übertragung durch Friktionsscheiben als sehr einfach dar. Bei der Übertragung durch Zahnräder ist die treibende und die getriebene Welle mit Zahnrädern von verschiedenem Durchmesser versehen, von welchen jedes Paar auf der einen Welle fest angebracht und mit der anderen lösbar gekuppelt ist, so daſs durch Einschaltung des einen oder anderen Paares Änderung der Umdrehungs-geschwindigkeit der getriebenen Welle und des Wagens bewirkt wird.

Für die technische Vervollkommnung des Ganges und der Lenkung der Motoren wurden in Frankreich zwei wichtige Erfindungen gemacht: die Erfindung des Differentialgetriebes durch Pecqueur, durch das die beiden von der Maschine angetriebenen Räder der Hinterachse beim Fahren in der Kurve selbstthätig mit verschiedener Geschwindigkeit bewegt werden, so daſs ein Schleifen des äuſseren Rades auf dem Erdboden nicht eintritt, wie solches der Fall ist, wenn die beiden Räder fest auf der Achse sitzen und mit dieser bewegt werden. Eine andere bedeutsame Erfindung ist die von Bollée gemachte: Ausgehend von der Erfahrung, daſs die Lenkbarkeit der vierräderigen Wagen ungleich schwieriger zu bewerkstelligen ist, als die der dreiräderigen, strebte er danach, die beiden Vorderräder eines wegen seiner gröfseren Standsicherheit vorzuziehenden vierräderigen Wagens je für sich lenkbar zu machen. Dies gelang ihm mit einer sehr sinnreichen Einrichtung. Nach derselben nimmt bei der Bolléeschen Lenkvorrichtung jedes der Vorderräder selbstthätig in jedem Augenblicke diejenige Stellung ein, welche der Tangente der von ihnen zu beschreibenden Wegekrümmung entspricht.

Nachdem wir so mit den allgemeinen technischen Erfordernissen des Explosionsmotors bekannt geworden, soll behufs Ermöglichung eines abgeschlossenen Gesamtbildes über Technik und Betrieb desselben deren praktische Realisierung an einigen zur Zeit marktgängigen Typen gezeigt werden.

Wir wählen hierzu vor Allem das System des Schöpfers der Explosionsselbstfahrer: den Daimler-Wagen in seiner heutigen Gestalt.

Das Wagengestell besteht aus einem starken, mit eisernen Spangen verstärkten Holzrahmen, welcher der Form des Wagens angepafst ist. Motor und Triebwerk sind auf dem Rahmen angeordnet, und dieser ist an dem Wagenkasten befestigt.

Das Wagengestell ruht mittels Federn auf den Achsen, von denen die Vorderachse zum Zwecke der Lenkung mit drehbaren Achsschenkeln versehen ist, während die Hinterachse die Laufräder trägt.

Der Motor ist über der Vorderachse angeordnet, — eine Einrichtung, welche mit wesentlichen Vorteilen für den Betrieb verbunden ist.

Derselbe wirkt durch vier Zahnräderpaare, deren wechselseitiges Einsetzen die Geschwindigkeiten reguliert, auf ein Vorgelege, in welches das Differentialgetriebe eingebaut ist. Von hier aus erfolgt der Antrieb der Hinterräder, und zwar entweder direkt mittels Zahnräder oder aber, was sich bisher in der Praxis am besten bewährt hat, mittels Kette.

Zum Betriebe dient Benzin vom spez. Gewicht 0,68—0,7, welches aus einem unter dem Röhrenrahmen in geschützter Lage befestigten Reservoir entnommen wird. Die Zuführung des Betriebsmaterials vom Reservoir zu dem Vergaser erfolgt durch eine Rohrleitung vermittelst des durch Handluftpumpe in demselben erzeugten Druckes. Während des Ganges des Motors wird der Druck im Reservoir in der Weise erzeugt bezw. ergänzt, dafs ein Teil der Auspuffgase aufgefangen und zum Reservoir geleitet wird. Der Druck wird durch ein Sicherheitsventil geregelt.

Die Bildung des zum Betriebe notwendigen Gasgemisches vollzieht sich selbstthätig in dem Vergaser in der Weise, dafs beim Niedergange des Cylinderkolbens sowohl Luft als auch das flüssige Benzin gleichzeitig angesaugt, hierbei beide innig gemischt werden und somit das fertige brennbare Gasgemisch dem Cylinderinnern zugeführt wird.

Der weitere Vorgang spielt sich dann nach dem geschilderten Prinzipe des Viertakts ab, indem durch das erste Herabgehen des Kolbens das brennbare Gemisch angesaugt und durch das erste Hinaufgehen komprimiert wird. Annähernd im höchsten Kolbenstande wird dasselbe durch den elektrischen Funken zur Explosion gebracht, wodurch der Kolben abwärts getrieben und die durch die Expansion der verbrennenden Gase erzeugte Kraft auf die Kurbelwelle übertragen wird. Beim zweiten Hinaufgehen des Kolbens werden die verbrannten Gase durch die Auspuffventile in das Freie abgeführt.

Die Vorzüge eines derartigen Verfahrens der Gemischbildung, die durch den besonders konstruierten Vergaser erzielt werden, bestehen darin, daſs 1. kein Behälter mit einem Vorrat von brennbarem Gasgemisch vorhanden und somit jede Explosionsgefahr ausgeschlossen ist; 2. die Ladung sich ganz automatisch vollzieht, ohne Pumpe oder sonstige mechanische Anordnungen, die durch Undichtwerden Quelle von Störungen werden könnten; 3. das Gasgemisch in stets richtiger, gleichmäſsiger Zusammensetzung in den Cylinder gelangt, daher bei der Explosion vollständig verbrannt, also vollständig ausgenutzt wird; 4. daſs durch die stets gleichmäſsige Gasgemischbildung weitere Regulierung und weitere Bedienung durch den Fahrer während des Betriebes nicht notwendig ist.

Die Entzündung des Gasgemisches wird durch elektromagnetische Zündung bewirkt.

Die Ventile für Einlaſs des Gasgemisches in den Cylinder sind nicht gesteuert. Dagegen sind die Auspuffventile gesteuert, und zwar in der Weise, daſs sie durch die sog. »Auslaſssteuerstangen« auf je zwei Umdrehungen des Motors einmal gehoben werden.

Die Regulierung des Motors ist so eingerichtet, daſs beim Überschreiten der für denselben bestimmten höchsten Umdrehungszahl durch den nun in Wirksamkeit tretenden Regulator die Auslaſssteuerstangen auf die Seite gelenkt werden, so daſs sie nicht mehr gehoben werden und infolgedessen die Auspuffventile geschlossen bleiben; die Auspuffgase können demnach nicht entweichen, und demzufolge kann auch kein frisches Gemisch angesaugt werden; es können daher keine neuen Explosionen und kein weiterer Antrieb des Motors erfolgen, bis die Umdrehungszahl des Motors sich so weit vermindert hat, daſs der Regulator zurückgeht und damit die Steuerstangen zurückgelenkt werden und wieder regelmäſsiger Auspuff und normaler Motorgang eintritt.

Die Verbrennungsräume der Cylinder sind mit Kühlräumen umgeben, durch welche mittels einer vom Motor betriebenen Flügelpumpe Wasser geleitet wird; dasselbe flieſst von hier in den Kühlapparat, wird dort wieder abgekühlt und beginnt dann von neuem seinen Kreislauf. Ferner ist ein Trockenkühlapparat vorhanden: Derselbe besteht aus einem flachen, mit vielen Kühlröhren durchzogenen Gefäſse. Durch einen vom Motor betriebenen Ventilator wird ein Luftstrom erzeugt; dieser wird durch die Kühlröhren getrieben und bewirkt so intensive Abkühlung bei geringem Wasserverbrauche.

Die Abstellung des Motors wird durch Ausrücken der Auslaſssteuerstangen mittels Hebelwerks bewirkt.

Die Kraftübertragung von Motor auf Wagen erfolgt, wie schon erwähnt, durch eine mittels Friktionskonus ein- und ausrückbare Achse nach dem Zahnradwechselwerk, in welchem durch Verschieben die Zahnräder wechselweise in Eingriff gebracht werden, wodurch die vier verschiedenen Geschwindigkeiten erzielt werden. Zur Rückwärtsfahrt wird zwischen die in ausgerückter Stellung befindlichen Zahnräder der ersten Geschwindigkeit ein Zwischenrad eingeschaltet und hierdurch der Wagen in Rückwärtsgang verſetzt. Der Wagen ist mit zwei Bremsen ausgerüstet.

Dies die allgemeine Anlage einer unserer besterprobten derzeitigen Typen.

Noch seien kurz aus den vielen heute vorhandenen Systemen zwei Motoren erwähnt: der Motor von Ingenieur W. Seck (bauende Firma Fritz Scheibler in Aachen) und der von Professor Dr. Klingenberg in Berlin, die wegen ihrer besonderen Konstruktionsart Beachtung beanspruchen:

Bei Scheibler ist vor allem möglichste Geräuschlosigkeit und Ruhe des Ganges des Wagens, und zwar durch Ausbalancierung sämtlicher hin- und hergehenden Teile der sich gegenüberliegenden Cylinder, gewonnen.

Vom Motor wird die Kraft auf die Laufräder durch einen besonderen Friktionsantrieb übertragen, welch letzterer es gestattet, 40 verschiedene Geschwindigkeitsübersetzungen einzuschalten, wodurch stofsfreies Anfahren sowie sanfter und geräuschloser Wechsel der Geschwindigkeiten ermöglicht wird. Der Wagen ist mit drei Bandbremsen versehen, welche sämtlich beim Anziehen den Motor ausschalten, wodurch verhindert wird, dafs infolge nicht genügender Fertigkeit des Wagenführers die Bremse bei eingeschaltetem Motor angezogen wird und so Schädigungen der Konstruktionen, (z. B. Bruch der Transmissionsteile) vermieden werden. Eine weitere Vorsichtsmafsregel ist dadurch getroffen, dafs sämtliche vom Führer zu stellende Hebel sich gegenseitig verriegeln, falsche Einstellung von Hebeln, z. B. Einschaltung zweier verschiedener Geschwindigkeiten oder von Rückwärts- und Vorwärtsgang zu gleicher Zeit, die sonst leicht vorkommen können, mit ihren schädlichen Rückwirkungen auf den Motor demnach ausgeschlossen erscheinen.

Der besondere Vorzug des Klingenberg-Wagens beruht in der Verbindung möglichster Einfachheit der Konstruktion mit grofser Leistungsfähigkeit des Wagens.

Sämtliche arbeitenden Teile des Motors sind hier in einem einzigen Triebwerkgehäuse staubdicht eingeschlossen (Figur 4), welches für Revision mit einem abklappbaren Deckel versehen ist, so dafs das Innere leicht zugängig ist.

Figur 4. Motor geschlossen.

In Figur 5 ist der Deckel entfernt, so dafs das Triebwerk vollständig offen liegt.

Figur 5. Motor offen.

Der Motor ist auf der Antriebsachse des Wagens selbst angebracht. Dadurch vermindern sich die Kraftverluste anläfslich der Übertragung der Kraft vom Motor auf den Wagen erheblich; ferner wird durch den vollständigen Abschlufs des Triebwerkes erzielt, dafs der ganze Mechanismus ständig in guter, von aufsen nicht beschädigter Ölung läuft, die durch den Gang der arbeitenden Teile verursachten Reibungsverluste demnach gering sind. Während bei den meisten Wagen ein grofser Teil der Kraft des Motors auf dem Wege von demselben bis zu den Rädern des Wagens zu Verlust geht, wird daher durch die Klingenbergsche Konstruktion ermöglicht, dafs dieser Verlust nur wenige Prozente beträgt, so dafs die Kraft des Motors fast vollkommen an den Rädern ausgenutzt wird und der Wagen den übrigen gleich starken Fabrikaten an Geschwindigkeit überlegen ist.

Da auch die elektrische Zündung in dem geschlossenen Triebwerks gehäuse untergebracht ist, haben äufsere Einflüsse, wie Verschmutzung, Verstaubung etc., auf ihren Gang keine Rückwirkung. Durch den Abschlufs des gesamten Triebwerkes in einem geölten Gehäuse wird ferner jegliches Geräusch des Motorganges vermieden.

Ein weiterer wesentlicher Vorzug liegt in der Einfachheit der Steuerung des Wagens.

Im Gegensatz zu den üblichen Konstruktionen, bei welchen für die verschiedenen Manipulationen zur Bedienung des Motors*) getrennte Hebel vorgesehen sind, geschieht bei dem Klingenberg-Wagen die Bedienung dieser sämtlichen Teile nur durch einen einzigen Hebel, der am Steuer angebracht ist. Steht der Hebel in seiner äußersten Stellung nach vorne, so hat der Wagen seine größte Geschwindigkeit; wird der Hebel nach hinten zurückbewegt, so reduziert sich durch Regulierung der Zündung die Geschwindigkeit immer mehr, und wird ein gewisser Punkt der Hebelstellung erreicht, so wird die Kuppelung gelöst, der Motor läuft leer. Bringt man den Hebel ganz nach hinten, so werden zu gleicher Zeit die Bremsen angezogen. Soll nur die kleine Geschwindigkeit gefahren werden, so wird der Steuerhebel etwas nach unten gedrückt. Die soeben geschilderten Manipulationen werden dann ebenfalls wieder in derselben Reihenfolge vorgenommen. Es liegt auf der Hand, daß diese einfache Steuerung für den Anfänger, bei starkem Straßenverkehr, im Momente der Gefahr viele Vorteile bietet.

Durch vorstehende Ausführungen sind wir bereits implicite mit den Vorzügen und Nachteilen des Systems der Explosionsmotoren bekannt geworden; dieselben sollen nachfolgend zusammengefaßt werden:

Wir haben gesehen, daß jeder Motor zur Erzielung des höchstmöglichen Arbeitseffektes eine zu berechnende, bestimmte Tourenzahl möglichst konstant einhalten muß; daß daher die Intensität des Kolbenspiels bei verschiedenen Fahrgeschwindigkeiten, verschiedenem Terrain, Steigungen etc. immer die gleiche bleibt. Folge dieses Konstruktionsprinzips ist eine ungemein geringe Elasticität der Arbeit des Motors. Infolge der Fixierung der Tourenzahl kann er eine bestimmte Maximalleistung nicht überschreiten: mehr als die bei Einschaltung der höchsten Geschwindigkeit erreichte Fahrleistung ist er zu erzielen außer stande. Er verträgt daher an sich keine Überlastung und Überanstrengung. Doch kann diesem Nachteile durch Ziehung der Nutzanwendung aus demselben vorgebeugt werden; dadurch nämlich, daß man dem Wagen eine größere Pferdestärke gibt, als seine normale Leistungsfähigkeit beansprucht, so daß für jede Eventualität eine bedeutende Kraftreserve zur Verfügung steht. Dies ist um so unbedenklicher durchführbar, als der einzige daraus resultierende Nachteil: der Mehrverbrauch an Betriebsstoff, wie wir sehen werden, eine geringe Kostendifferenz verursacht.

Die Erzielung der verschiedenen Fahrgeschwindigkeiten beruht, wie gezeigt, bei der großen Mehrzahl der heutigen Systeme in der Einschaltung eines verschieden großen Zahnradgetriebes auf die in ihrer Rotationsgeschwindigkeit an sich gleichbleibende Antriebswelle; denn die Stärke der

---

*) Eingeschaltet sei hier, daß zur Bedienung des Motors folgende Manipulationen nötig sind:

1. Zum Ingangsetzen des Wagens bezw. Anhalten desselben das Einrücken und Ausrücken der Kuppelung zum Verbinden des Motors mit dem Triebwerk bezw. den Rädern;

2. die Geschwindigkeitsregulierung durch zeitliche Verstellung der Zündung;

3. das eventuelle Einrücken der zweiten Übersetzung um besonders langsam fahren zu können, sowie

4. das Anziehen der Bremsen.

Triebkraft wird bei diesen verschieden gearteten Effekten nicht verändert. Diese Wagen sind daher nicht zu jedem beliebigen Fahrtempo, sondern lediglich zu den weniger durch die einzuschaltenden Zahnräder bestimmten Geschwindigkeiten befähigt. Doch ist bei den neueren Konstruktionen auch diese Schattenseite vermieden: Wir sahen, daſs bei denselben mittels Beeinflussung des Zeitpunktes der elektrischen Zündung, beim Scheibler-Wagen ferner durch besonderen Friktionsantrieb beliebige Veränderung der Geschwindigkeiten zu erzielen ist.

Die Anzahl der Touren der Motoren beträgt nach den gemachten Beobachtungen durchschnittlich 600—800 Umdrehungen pro Minute. Die Höhe dieser Umdrehungszahl stellt sich als einen wesentlichen Vorzug des Explosionssystems dar, da die Praxis lehrt, daſs sich mit Zunahme der Tourenzahl bei gleichbleibender Kraftleistung das Gewicht des Motors wesentlich vermindern läſst. So wiegt ein derzeitiger Daimler-Motor der Aktiengesellschaft Marienfelde bei Berlin bei 4 PS 200 kg., d. i. nur 50 kg pro 1 PS., bei 12 PS 450 kg, d. i. 37,5 kg pro 1 PS. Diese Angaben stellen sich noch günstiger, wenn die unter der Bremse erreichten effektiven Pferdestärken in Betracht gezogen werden, nämlich 6,5 PS bei dem ersterwähnten und 17,5 PS bei dem zweiten Motor, was einem Motorgewicht von 30,4 bezw. 25,8 kg pro PS entsprechen würde. Bei Ausführung in Aluminium verringern sich die Werte auf 24,6 bezw. 21,8 kg pro PS.

Diese hohe Tourenzahl der Explosionsmotoren entbehrt allerdings auch ihrer Schattenseiten nicht. Es ist nicht zu leugnen, daſs die Gesamtanlage des Mechanismus, die, wie wir gesehen haben, allerdings keineswegs so kompliziert ist, als man für gewöhnlich anzunehmen geneigt ist, ohne groſse Funktionsgeschwindigkeit des Motors sich wesentlich vereinfachen lieſe.

Da ferner durch die Kraft der Explosion der Kolben mit groſser Heftigkeit gegen die Cylinderwand gestoſsen wird, übt jeder Viertakt an sich einen heftigen Stoſs auf die Maschine aus; bei Zunahme der Tourenzahl würde daraus eine schüttelnde Bewegung entstehen, welche die Haltbarkeit der Konstruktion und die Annehmlichkeit des Fahrens bedeutend zu beeinträchtigen im stande ist, wie auch bei älteren Systemen sich mit Inbetriebsetzung der Maschine eine heftige, stoſsende und schüttelnde Bewegung augenfällig bemerkbar macht. Diesen Übelstand hat man neuerdings in einfacher Weise behoben, indem man nämlich, wie wir beim Scheibler-Wagen gesehen haben, die Situation des Motors so anordnete, daſs man bei zweicylindrigen Maschinen — und das ist jeder gröſsere Motor — die beiden Kolben unter genauer Ausbalancierung sämtlicher hin- und hergehenden Teile g e g e n einander arbeiten läſst, so daſs die stoſsenden Bewegungen der Gegenkräfte sich gegenseitig aufheben. Damit ist die früher charakteristische Erschütterung beseitigt bezw. auf ein derartiges Minimum reduziert, daſs der Comfort der Fahrt durch sie in keiner Weise mehr beeinträchtigt wird.

Bei seinem prozentual geringen Gewichte besitzt der Explosionsmotor eine hohe Leistungsfähigkeit. Die Ausnutzung der Arbeitsenergie ist bei demselben eine ganz beträchtliche.

Man vergleiche zu diesem Zwecke die Arbeit der Dampfmaschine, deren Konstruktion heute eine auſserordentlich vervollkommnete ist. Wenn man den in der Kohle aufgespeicherten Wärmevorrat bezw. dessen Arbeitsäquivalent mit der bei Fortbewegung eines Eisenbahnzuges in die äußere Erscheinung tretenden Arbeitsleistung vergleicht, so gelangt man zu dem wohl überraschenden Resultate, daß vielleicht höchstens 5—10% diesesWärmevorrates bezw. des in mechanische Arbeitsgrößen umgerechneten Energievorrates gedeckt werden; die übrigen 95 bezw. 90% gehen auf dem langen Wege vom Kohlenrost zu den Schienen durch die Feuerbuchse und Siederohre zu den in Dampf umzusetzenden Wassermassen des Langkessels und weiter durch die Cylinder und das Maschinengestänge zu den Kurbelzapfen der Treib- und Kuppelachsen verloren; zur Hälfte allein, um das als Mittelglied zwischen der den Heizeffekt bedingenden Kohle und dem die Bewegung bewirkenden Dampf eingeschaltete Wasser in den letzteren umzusetzen. Das bedingt die Mitführung einer verhältnismäßig großen Menge von Energievorrat — Heizmaterial und Wasser — und damit verbunden die Anhäufung von toten Gewichten und zwar, verglichen mit den bewegten Lasten und den ausgeübten Zugkräften, in um so höherem Maße, je geringer die letzteren sind.

Bei den Explosionsmotoren dagegen beträgt nach den gewonnenen Erfahrungen der Nutzeffekt des Betriebsstoffes ca. 50%. Die mitzuführende Menge Explosivvorrat ist daher gering; mit Rücksicht auf die beliebige Vergrößerungsfähigkeit des Reservoirs weit vermehrbar; die mit einem Vorrat erreichbare »Fahrkapazität« daher hoch. Die z. Z. im Gebrauche stehenden Typen besitzen durchgängig eine Fahrkapazität von ca. 150 km.

Die gemachten Beobachtungen setzen uns auch in den Stand, zu den landläufigen Vorurteilen gegen den Explosionsmotor Stellung zu nehmen: nämlich den Bedenken gegen Geräusch, Geruch und Explosionsgefahr desselben.

Geräusch wird bei der ganzen Funktion des Motors fast ausschließlich durch den Auspuff verursacht. Der Gang der Motorteile selbst vollzieht sich bei Abschluß des Triebwerks und normaler Schmierung geräuschlos. So ist insbesondere der zwar kräftige Stoß des Kolbens nach der Explosion ohne Geräusch; denn während desselben ist das Explosionsgemisch noch in dem durch die Ventile luftdicht abgeschlossenen Cylinderraume festgehalten. Lediglich dessen Austritt aus dem Motor beim vierten Takt, der Auspuff, verursacht infolge der Kraftentwickelung der frei werdenden Gase Geräusch. Dem wird jedoch in einfacher Weise vorgebeugt — indem die Gase vor dem definitiven Austritt ins Freie durch den Auspufftopf oder Schalldämpfer, einen perforierten Cylinder, geführt werden und so nur in vielen, zerteilten, kleinen Quantitäten ins Freie gelangen können. Je größer der Schalldämpfer und je komplizierter der von den Gasen zurückzulegende Weg ist, desto größer ist deren Zerteilung, die Abschwächung der Gesamtkraft und so des Geräusches.

Der üble Geruch steht mit den Konstruktionseigentümlichkeiten der Explosionsmotoren außer Zusammenhang. Er rührt ausschließlich von den austretenden Gasen her und hat daher seinen Grund lediglich in der Art der verwendeten Explosivstoffe. Petroleum, das allerdings üblen Geruch hinterläßt, ist heutzutage so viel wie nicht mehr in Verwendung. Benzin ist in normaler Qualität geruchlos, der üble Geruch von Benzinwagen kann daher durch Verwendung guter Qualität von Benzin leicht behoben werden. Ebenso so ist Acetylen geruchlos. Dem Alkohol rühmt man sogar einen angenehmen Geruch nach. Dabei ist bei neueren Konstruktionen möglichster Aufbrauch des angesaugten Gasgemisches erzielt, so daſs auch die eventuell noch zum Austritt gelangende Quantität unverbrannter Gase gering ist.

Auch die vielgehörte Besorgnis um mangelnde Sicherheit der Explosionsmotoren, deren Explosions- und Feuergefahr erweist sich nach den oben gewonnenen Erfahrungen als unbegründet. Ein Blick auf den Explosionsprozeſs genügt zur Vergewisserung, daſs durch den Betrieb selbst eine Explosion des gesamten mitgeführten Quantums Explosivstoff nicht verursacht werden kann, da, wie wir bei der Konstruktion der Daimler-Wagen gesehen, bei der Ansaugung stets nur ein ganz minimales Quantum Stoff zur Entzündung zugelassen wird, ein Behälter mit Vorrat von brennbarem G a s g e m i s c h (Benzin u n d Luft) nicht vorhanden ist und das Benzin allein, von den übrigen Teilen mehrfach isoliert und luftdicht für sich abgeschlossen, vollkommen geschützt liegt. Auch unter abnormen Verhältnissen dürfte infolge der groſsen Zuverlässigkeit der nunmehr fast allgemein angewandten elektrischen Zündung eine Explosion des Stoffvorrates ausgeschlossen erscheinen.

Wohl aber darf man sagen, der Motor sei feuergefährlich, sobald man eine offene Flamme, z. B. beim Benzinauffüllen, in Verwendung brächte. Dies ist jedoch bei gewöhnlicher Vorsicht vermeidbar.

3. Elektromotoren.

Die Arbeitsleistung des Elektromotors beruht in dem Umsatze der elektrischen Energie in mechanische Arbeit. Dieser wird verursacht durch die Wechselwirkung zwischen Magnetismus und Elektricität.

Die praktische Verwertung dieser wichtigen Naturerscheinung wurde durch zwei Entdeckungen ermöglicht:

1. durch die Feststellung Ampères (erfolgt um das Jahr 1820), daſs die Elektricität auch im Zustande der Bewegung, d. h. im Zustande des elektrischen Stromes, nach einem gewissen Gesetze anziehend und abstoſsend auf den anderen Strom bezw. auf den Magnet wirkt; m. a. W.: mechanische Bewegung erzeugt und so elektrische Energie in mechanische Arbeit umsetzt;

2. durch den Nachweis Faradays (1831) der Umkehrbarkeit dieser Umwandlung mittels »Induktion«: die Entdeckung der Ermöglichung, in einem geschlossenen stromlosen Leiter Ströme (elektrische Energie) dadurch zu erzeugen, daſs man in seiner Nähe einen Magnet bewegt oder umgekehrt die Lage des geschlossenen Leiters innerhalb der Kraftstrahlen eines Magnetfeldes ändert, m. a. W.: daſs man mechanische Arbeit aufwendet.

Die Maschine, durch welche mittels mechanischer Arbeit elektrische Energie erzeugt wird, wird Generator, Stromgeber; jene, mittels welcher elektrische Energie in mechanische Arbeit umgesetzt wird: Stromnehmer, Elektromotor genannt.

Das Konstruktionsprinzip beider ist gleich:

Beide setzen sich aus zwei wesentlichen Bestandteilen zusammen:

1. dem sogenannten Anker, einem durch geschlossene und nach aufsen isolierte Drahtspulenkreise spiralförmigumwickelten Eisenkern und
2. dem Magnet.

Die Situation von Anker und Magnet ist so angeordnet, dafs die Eisenachse des Ankers quer zwischen die Pole des Magneten gelegt ist und zwar so, dafs Anker und Magnetenden sich nicht berühren.

Beim Generator nun wird entweder die Ankerachse oder der Magnet mechanisch *durch Maschinenkraft angetrieben, in Rotation versetzt. In beiden Fällen werden dadurch die Drahtspulenkreise des Ankers vor den Polen des Magneten in drehender Bewegung vorbeigeführt, d. h. einmal von den Polen entfernt, dann ihnen wieder genähert. Dadurch werden aus dem Magnet in die einzelnen, bisher stromlosen Spulenkreise nach dem Faradayschen Gesetze Stromstöfse und Stromwellen hineingeschickt, die um so stärker anschwellen, bzw. eine um so gröfsere Stromspannung in den Spulen hervorrufen, je schneller die Bewegung des Ankers vor dem Magnet oder umgekehrt der Magnetpole vor den einzelnen Ankerspulen erfolgt; aber weiter noch, um so stärker gestalten sich die Stromstöfse und die Stromspannungen, je kräftiger die Magnete wirken, oder unter Anwendung heutiger elektrotechnischer Anschauungen, je gröfser die Summe der magnetischen Kraftstrahlen ist und je gedrängter dieselben zusammengefafst sind, je gröfser also die Kraft des magnetischen Feldes ist, in dem der Anker sich bewegt, bezw. dies um den Anker bewegt wird. Der so in den Ankerspulen entstandene elektrische Strom wird nun, und zwar bei den verschiedenen Konstruktionen in verschiedener Weise, in ringförmige Kontaktteile der rotierenden Ankerwelle geleitet, von der letzteren aber nehmen Schleifkontakte die in den einzelnen Spulenabteilungen erzeugten Stromwellen ab, um sie in dem gemeinsamen Strombett einer an die Polklemmen der Maschine angeschlossenen Arbeitsleitung zu vereinen, die den Gesamtstrom dahin weiterführt, wo Arbeit von ihm verrichtet werden soll. So werden im Generator durch die mechanisch verursachte Rotation des Ankers bezw. Magnetsystems elektrische Ströme erzeugt.

Dieselben scheiden sich in Gleichstrom, Wechselstrom und Drehstrom (Phasenstrom). Die Unterschiede beruhen auf der verschiedenen Gruppierung und Verbindung der erwähnten Ankerspulen unter sich und mit dem Kontaktteil (Kollektor) der Ankerwelle, an dem die Schleifkontakte den Strom abnehmen, sowie der konstruktiven Anordnung dieses Kollektors. Dadurch aber werden auch die Einzelströme, welche bei der Rotation des Ankers in den einzelnen Spulen entstehen, in verschiedener Weise gruppiert und in das gemeinsame Strombett der Arbeitsleitung verschiedenartig weiter geleitet und damit dem aus den einzelnen Zubringern sich bildenden Gesamtstrom die obige Unterscheidungen veranlassende Eigenart seiner Wellenbewegung erteilt.

Die Arbeit des Elektromotors bildet lediglich die Umkehrung des Arbeitsprozesses des Generators. Während im Generator durch Drehung des Ankers bzw. Magnets elektrische Ströme erzeugt werden, wird im Elektromotor durch Einleitung elektrischen Stromes in den Anker, infolge des nunmehrigen Vorhandenseins von Strom in Anker und Magnet, nach dem Ampèreschen Gesetze, die Drehung entweder des Ankers oder Magnets, mechanische Arbeit verursacht.

Durch die Polklemmen, aus denen beim Generator infolge mechanischer Drehung des Ankers im magnetischen Felde Strom abfließt, wird beim Elektromotor Strom in die Ankerspulen geschickt. Wir haben also im Anker sowohl als im Magnet positive und negative Kräfte. Nach dem Axiome, daß gleiche Pole sich abstoßen und ungleiche Pole sich anziehen, tritt Bewegung, mechanische Arbeit ein. Betrachten wir die Vorgänge beim positiven Pole des Magnets: Hier werden die negativen Pole des Ankers mit aller Kraft angezogen und die positiven abgestoßen. Auf der anderen Schenkelseite des Magnets, der negativen, werden umgekehrt die positiven Pole des Ankers angezogen und die negativen abgestoßen. Das Resultat dieser verschiedenen Krafteinwirkung ist, daß die Ankerwelle sich zu drehen beginnt und der Motor läuft.

Die Arbeitsenergie kann dem Motor entweder direkt aus der Stromquelle vom Generator zugeführt werden: durch Leitungen in oberirdischen Drähten oder Schienenleitungen, oder, was zur Zeit Regel ist, mittelbar durch Sammler, Accumulatoren, welche in dem Elektricitätswerke mit einem bestimmten Quantum Energie geladen werden und, auf dem Motor mit geführt, diesem den jeweiligen Bedarf abgeben.

Die Wirkungsweise der gebräuchlichsten Accumulatoren gründet sich auf einen elektrolytischen Vorgang*), der von dem französischen Physiker Planté zuerst zur Aufspeicherung erheblicher Mengen elektrischer Energie nutzbar gemacht worden ist. Bringt man nämlich zwei Bleiplatten als Elektroden in verdünnte Schwefelsäure und leitet einen Strom hindurch, so beobachtet man eine Entwicklung von Wasserstoff an der mit dem negativen Pole verbundenen Elektrode. Zugleich wird aber auch die positive Bleiplatte an ihrer Oberfläche verändert. Sie überzieht sich mit einer dunkelbraunen Schicht von Bleisuperoxyd. Unterbricht man nach einiger Zeit die Verbindung der beschriebenen elektrolytischen Zelle mit der Stromquelle und verbindet dann die beiden Bleiplatten durch eine metallische Leitung, in die man ein Galvanoskop einschaltet, so zeigt der Ausschlag des letzteren einen Strom an, der von der mit Superoxyd bedeckten Elektrode durch die äußere Schließung zur anderen Bleiplatte fließt. Die Zelle wirkt in diesem Falle wie ein galvanisches Element, und zwar stellt die mit Superoxyd bedeckte Platte den positiven Pol, die andere den negativen Pol eines solchen dar. Läßt man das so erhaltene »Sekundärelement« längere Zeit geschlossen stehen, so beobachtet man eine allmähliche Abnahme und schließliches Verschwinden des Stromes. Eine Untersuchung der Elektroden ergibt, daß diese sich gleichzeitig wiederum verändert haben. In der positiven

*) Vergl. Aufsatz von Heim in Luegers Lexikon der gesamten Technik.

Platte ist das Superoxyd ganz oder zum gröfsten Teile zu Bleioxyd reduziert worden, während das Metall der negativen durch Oxydation an der Oberfläche ebenfalls in Bleioxyd übergegangen ist; bleiben die Elektroden des nun »entladenen« Sekundärelementes längere Zeit in der Säure stehen, so verwandeln sich, durch Einwirkung der letzteren, die Oxydschichten allmählich in Bleisulfat. Man ist nicht im stande, noch Strom aus dem Elemente zu erhalten, sondern mufs es, um dies zu ermöglichen, in der oben beschriebenen Weise von neuem laden. Bei der Ladung geht dann das Bleisulfat und Bleioxyd an der mit dem positiven Pole verbundenen Platte wiederum in braunes Superoxyd über. An der negativen Elektrode dagegen wird aus denselben Substanzen metallisches Blei in fein zerteilter Form reduziert. Das geladene Element kann nun wieder für einige Zeit Strom geben, läfst sich dann aufs neue laden und so fort. Die Strommenge, welche man von einem in der beschriebenen Art hergestellten Versuchselement erhalten kann, ist verhältnismäfsig gering. Schliefst man die geladene Zelle durch einen äufseren Leiter von einigermafsen kleinem Widerstande, so ist es zwar möglich, einen verhältnismäfsig kräftigen Strom zu erhalten, doch beginnt derselbe alsbald abzunehmen und ist nach einigen Minuten auf einen geringen Betrag gesunken.

Planté beobachtete nun, dafs es möglich ist, das Aufspeicherungsvermögen eines aus einfachen Bleiplatten hergestellten Sekundärelementes zu steigern dadurch, dafs man es öfter in der genannten Weise ladet und entladet. Es wird nämlich so die Dicke der oberflächlichen »aktiven« Schicht, die beim Laden und Entladen sich in der oben genannten Weise chemisch verändert, mehr und mehr vergröfsert. Man beobachtet infolgedessen, dafs bei der Ladung die zur vollständigen Umwandlung der »aktiven Masse« einerseits in Bleisuperoxyd, anderseits in metallisches Blei erforderliche Zeit immer gröfser wird, und dafs man anderseits beim Entladen eine immer mehr zunehmende Strommenge erhalten kann. Planté stellte sich dadurch, dafs er die Ladungen und Entladungen mehrere Monate lang fortsetzte, dazwischen auch die Platten öfter in umgekehrter Richtung lud, so dafs die vorher positive Elektrode zur negativen wurde, Sekundärelemente von ziemlich beträchtlichem Aufspeicherungsvermögen her. Den erwähnten Vorbereitungsprozefs nannte er die Formierung.

Dieselbe erforderte viel Zeit und begreiflicherweise auch beträchtlichen Kostenaufwand. Die von ihm zum erstenmal erreichte Möglichkeit, erhebliche Mengen elektrischer Energie auf elektrolytischem Wege zum beliebigen späteren Verbrauche anzusammeln, bedeutete zwar einen mächtigen Fortschritt auf dem Gebiete der technischen Anwendung der Elektricität, war jedoch des hohen Zeit- und Kostenaufwandes wegen zur praktischen Verwendung in gröfserem Mafsstabe noch nicht völlig geeignet.

Den nächsten Schritt vorwärts in dieser Richtung that Faure, ein Schüler von Planté. Er kam auf den Gedanken, die aus Bleiverbindungen in schwammig-poröser Form bestehenden aktiven Schichten der Elektrodenplatten nicht allmählich durch den Plantéschen Formierungsprozefs, sondern in ganz kurzer Zeit zu erzeugen. Dies erreichte er dadurch, dafs er auf die rohen Bleiplatten Schichten geeigneter Bleiverbindungen, die gepulvert und mit verdünnter Schwefelsäure zu einem Brei gemischt waren, künstlich auftrug. Gewöhnlich benutzte er dazu Mennige, ein Gemisch verschiedener Bleioxyde. Die alsdann getrockneten Platten wurden in verdünnter Schwefelsäure zu Elementen zusammengestellt und dadurch eine einzige, genügend lang ausgedehnte Ladung formiert. Es wurde dabei die Mennige an den mit dem positiven Pole der Stromquelle verbundenen Elektroden in Bleisuperoxyd, an den mit dem negativen Pole verbundenen in metallisches Blei verwandelt. Wegen der verhältnismäfsig grofsen Menge der künstlich aufgetragenen Bleiverbindungen erhielt man sofort eine Schicht aktiver Masse von solcher Dicke, wie sie durch Formierung nach Planté nur mit einem Zeitaufwand von mehreren Monaten hätte erzeugt werden können. Um seine künstlich aufgetragene aktive Schicht am Abfallen von den Bleiplatten zu verhindern, war Faure genötigt, die fertigen Platten mit einer Lage eines elektrolytisch indifferenten, porösen Stoffes (z. B. Filz) zu bedecken. In späterer Zeit hat man erst gelernt, durch geeignete Gestaltung der die Masse tragenden Bleiplatten, die man z. B. mit Löchern versah, oder denen man die Form von Gittern gab oder dgl., die Filzschicht entbehren zu können. Es sei noch erwähnt, dafs heutzutage auch Accumulatoren im Gebrauche sind, deren Platten durch ein Mittelding zwischen dem Plantéschen und dem Faureschen Verfahren mit der aktiven Schicht versehen sind. Die zu positiven Elektroden bestimmten Platten werden nämlich zuerst einige Zeit nach Planté formiert und erhalten dann noch einen künstlichen Überzug von Mennige, der später durch eine einzige Ladung in Bleisuperoxyd umgewandelt wird. Die negativen Platten dagegen bleiben ohne Plantéformierung und werden ohne weiteres mit Bleiverbindungen (nämlich einem Gemisch von Mennige und Bleiglätte) überstrichen.

Die zur Zeit im Handel befindlichen Accumulatoren weichen, was den äufseren Aufbau der Elemente betrifft, nicht sehr erheblich von einander ab. Sie bestehen im allgemeinen aus einem äufseren rechteckigen Gefäfse, das bei kleineren Zellen aus Glas oder Hartgummi, bei gröfseren aus einem mit Blei ausgekleideten Holzkasten hergestellt ist. Darin befindet sich eine mehr oder weniger grofse Anzahl positiver und negativer Elektrodenplatten, und zwar folgt abwechselnd immer eine positive auf eine negative, dann wiederum eine negative, eine positive und so fort. Sämtliche positiven Platten sind unter sich und ebenso alle negativen unter sich durch gelötete Bleistreifen leitend verbunden. Infolgedessen bildet die Gesamtheit aller Platten einer und derselben Art eine einzige Elektrode, deren Oberfläche gleich der Summe der Oberflächen der einzelnen Platten ist. Die letzteren sind nicht unmittelbar auf dem Boden des Gefäfses aufgestellt, sondern stehen in einer gewissen Höhe über demselben auf besonderen schmalen Stützen aus isolierendem Material, oder sie sind auf senkrecht stehenden Glasscheiben oder auch auf dem Gefäfsrand mittels angegossener, vorspringender Nasen isoliert aufgehängt. Der Abstand zwischen je zwei benachbarten Platten (von denen die eine eine positive, die andere eine negative ist) beträgt gewöhnlich etwa 1 cm.

Durch die Vorgänge beim Laden und Entladen, welche auf die aktive Substanz der Platten sowie auf die elektrischen Gröfsen des Sekundärelements die im vorstehenden beschriebenen Einflüsse ausüben, wird auch die verdünnte Schwefelsäure, mit der die Zelle in der Regel gefüllt ist (der sogenannte Elektrolyt), in Mitleidenschaft gezogen.

Man beobachtet nämlich, daſs während der Ladung das spezifische Gewicht der Säure steigt, bei der Entladung abnimmt. Der Grund hiervon sind die chemischen Veränderungen der aktiven Masse an beiden Platten, durch welche der verdünnten Säure beim Laden Wasser entzogen, beim Entladen zugeführt wird. Wenn man ein entladenes Sekundärelement einmal vollständig, ein andermal nur teilweise ladet, dadurch, daſs man dieselbe Ladestromstärke das eine Mal längere, das andere Mal kürzere Zeit hindurchgehen läſst, oder so, daſs die Ladezeit beide Male dieselbe, der Ladestrom dagegen verschieden groſs ist, so beobachtet man, daſs die Zunahme des Säuregehalts proportional der Stromstärke und der Zeit ist, die dieselbe wirksam war, d. h. also der angewendeten Strommenge. Ebenso zeigt sich bei der Entladung, daſs die Abnahme des Säuregehalts bezw. diejenige Menge an wasserfreier Säure, welche verschwunden ist, der Strommenge (gegeben durch das Produkt Stromstärke mal Zeit) proportional ist, die man der Zelle entnommen hat. Die zur Ladung und Entladung eines Accumulators anzuwendenden Stromstärken sind bis zu einem gewissen Grade ins Belieben gestellt. Doch gibt es für eine Zelle von bestimmter Gröſse einen gewissen Betrag des Ladestromes und ebenso einen für die Entladung, den man für gewöhnlich nicht überschreiten darf, wenn man den Platten nicht dauernd Schaden zufügen will.

Die Leistungsfähigkeit eines Accumulators ist dadurch bedingt, wielange derselbe die gröſste Stromstärke zu liefern vermag, also durch das Produkt: Stromstärke mal Zeit. Da man nun die Stromstärke in Ampère, die Zeit in Stunden auszudrücken pflegt, so miſst man dieses Produkt, die sogenannte Strommenge in Ampèrestunden. Die Anzahl der Ampèrestunden, die ein völlig geladenes Sekundärelement bei der Entladung mit dem zulässigen Maximalstrom zu liefern vermag, bezeichnet man als die Kapazität desselben.

Beim Laden eines Accumulators wird Energie aus der Form elektrischer Arbeit in chemische Arbeit umgewandelt, während bei der Entladung die umgekehrte Umwandlung erfolgt. Da nun bei jeder derartigen Umwandlung von Energie Verluste stattfinden, dadurch, daſs ein Teil derselben in eine andere als die gewünschte Form (z. B. in Wärme) übergeht, so kann man wegen derartiger Verluste bei der Entladung nicht dieselbe Menge elektrischer Energie wiedererhalten, die man zur Ladung aufgewendet hat. Es besitzt die hier in Rede stehende Arbeitsumwandlung ebenso wie jede andere ein gewisses »Güteverhältnis« (Wirkungsgrad), das kleiner ist als 1 und durch welches ausgedrückt wird, ein wie groſser Bruchteil der zum Laden aufgewendeten Arbeitsmenge bei der Entladung nutzbar wieder erhalten werden kann.

Eine Accumulatorenbatterie erhält sich in normalem guten Zustande dann, wenn sie stetig benutzt wird, d. h. möglichst täglich ge- und entladen wird. Machen besondere Umstände es nötig, daſs die Batterie längere Zeit (mehrere Tage bis einige Wochen) unbenutzt stehen bleiben muſs, so muſs sie zuvor vollgeladen sein, da die Erfahrung ergeben hat, daſs sie sich nur in diesem Falle gut erhält. Läfst man die Elemente teilweise oder ganz entladen längere Zeit stehen, so findet an den Platten beider Art eine Bildung von festem Bleisulphat in erheblicher Menge statt, wodurch die Kapazität beträchtlich verringert wird.

Alle Anforderungen, welche man an einen Accumulator stellen kann, müssen in erhöhtem Mafse an Accumulatoren für elektrischen Antrieb von Fahrzeugen gestellt werden. Das Gewicht derselben mufs auf das Mindeste herabgedrückt werden, um die tote Last, welche man mit sich zu führen hat, so viel als möglich zu verringern und anderseits müssen die Leistungen möglichst erhöht werden; und doch darf der Accumulator an Haltbarkeit nichts verlieren — im Gegenteil sind die durch die Beweglichkeit bedingten Anforderungen weit höher als sonst. Für den Strassenbetrieb erweist sich ferner die Leichtbeweglichkeit der Flüssigkeit der Elektrolyten als lästig. Sie verursacht Verschütten und Verspritzen der Säure und kann daher zu Schäden Anlafs geben. Nicht nur die Umgebung hat darunter zu leiden, sondern die Lebensdauer des Accumulators selbst wird durch die stark bewegte Schwefelsäure gefährdet, da sie das Ausspülen der aktiven Masse unvermeidlich macht. Es war daher das Bestreben dahin gerichtet, einen leistungsfähigen Trockenaccumulator zu bauen. Das Problem ist aber schwierig, und zahlreiche Versuche sind bisher mehr oder minder resultatlos verlaufen.

Der elektrische Effekt eines Accumulators setzt sich aus zwei Gröfsen zusammen, von denen eine mit dem Ausdruck »Spannung«, die andere mit dem Ausdruck »Stromstärke« bezeichnet wird. Die Spannung der Elektricität findet ihre Analogie in dem Druck oder Gefälle einer Wassermenge, während die Stromstärke mit einer in der Zeiteinheit gelieferten Wassermenge selbst verglichen werden kann. So wie sich nun die Leistung des strömenden Wassers berechnen läfst, indem man die in der Sekunde gelieferte Wassermenge mit der nutzbaren Fallhöhe vervielfacht, so stellt sich auch der elektrische Effekt dar als das Produkt von Spannung und Stromstärke. Die Spannungseinheit heifst Volt, und man versteht darunter eine Spannung, wie sie etwa zwischen einem Zink- und einem Kupferstabe auftritt, die man in verdünnte Schwefelsäure taucht. Eine Accumulatorenzelle, in der Bleisuperoxyd als positive Platte und Blei als negative Platte in verdünnte Schwefelsäure tauchen, zeigt zwischen den positiven und den negativen Platten, und zwar unabhängig von deren Gröfse, eine Spannung von 1,85 bis 1,95 Volt, je nach dem Ladezustande des Accumulators.

Die Stromstärke wird, wie bereits ausgeführt, nach Ampère gemessen; zur Beurteilung der Gröfse dieser Einheit diene die Bemerkung, dafs die üblichen 16 kerzigen Glühlampen, welche an Leitungsanlagen mit 110 Volt angeschlossen sind, etwa 0,5 Ampère Strom verbrauchen. Der elektrische Effekt, welcher einer 16 kerzigen Glühlampe entspricht, beträgt demnach (110 · 0,5 =) 55 Volt-Ampère, wofür auch die kürzere Bezeichnung Watt bei den hier in Frage kommenden Strömen gebräuchlich ist.

736 Watt entsprechen einer mechanischen Pferdestärke oder 75 mkg in der Sekunde. Wenn also ein Elektromotor von 1 PS einen »Wirkungsgrad«, ein »Güteverhältnis« von 80 % besitzt, so braucht er zu seinem

Betriebe bei Vollbelastung 736 : 0,8 = 920 Watt, und wenn der Elektromotor seine volle Leistung eine Stunde lang geben soll, so müssen ihm zu diesem Zwecke 920 Wattstunden elektrischer Arbeit zugeführt werden. Soll diese elektrische Energie einer Accumulatorenbatterie entnommen werden, welche aus 40 Zellen besteht, die so geschaltet sind, daſs jeder positive Pol der einen Zelle mit dem negativen Pole der nächstfolgenden Zelle verbunden ist, und die demnach eine Mindestspannung von 40 × 1,85 = 74 Volt besitzt, so muſs diese Batterie eine Stromstärke von 920 : 74 = 12,5 Ampère während einer Stunde liefern. Man sagt in diesem Falle, daſs die Batterie eine Kapazität von 12,5 Ampérestunden besitzen muſs.

Sinkt die Spannung einer Accumulatorenzelle unter 1,85 Volt, so ist die Zelle entladen und muſs durch Zuführung elektrischer Arbeit wieder geladen werden.

Da der Wirkungsgrad eines elektrischen Accumulators bei normaler Beschaffenheit 75 % beträgt, so braucht beispielsweise eine Batterie, welche 920 Watt-stunden elektrischer Arbeit abzugeben vermag, zu ihrer Ladung eine elektrische Arbeit von 920 : 0,75 = 1227 Wattstunden.

So viel zur Orientierung über Wesen, Konstruktion und Leistung der Stromquelle der Elektromotoren.

Es bedarf nun lediglich der Verbindung des Accumulators mit dem Motor, um den Strom auf denselben überzuleiten und so den Anker in Rotation, den Wagen in Bewegung zu setzen.

Zur Illustration der gemachten theoretischen Ausführungen diene nachfolgender kurzer Beschrieb eines der besten heutigen Systeme von Elektromotorwagen: der Konstruktion von Lohner-Porsche in Wien. (Fig. 6.)

Fig. 6. Elektrische Droschke der Firma Jacob Lohner & Cie., Wien.

Die Motoren desselben, zwei 14 polige Hauptstrommotoren sind in die Naben der beiden Vorderräder, zugleich Lenkräder des Wagens eingebaut. Deren Magnete sind auf den Lenkstummel aufgekeilt, während um diesen der Anker rotiert, welch letzterer mit Motorgehäuse, Radspeichen, Stahlfelgen und Pneumatiks fest verbunden ist. Die Motoren wirken daher ohne jede Übertragungsvorrichtung auf die Räder. Die Normalleistung derselben beträgt (beispielsweise bei 160 Volt und 120 Touren in der Minute) ca. 5 PS, wobei jedoch eine Überlastung auf je 12 PS ohne Erwärmung möglich ist. Der Wirkungsgrad beträgt bei Normalleistung 83 %.

Für die Accumulatorenbatterie sind Platten nach Planté-System oder auch »Masseplattensystem« in Verwendung.

Bei einer Planté-Batterie von z. B. 84 Zellen mit ca. 1160 kg Gewicht kann mit einer Batterieladung ca. 35 km auf ebener guter Strafse und ununterbrochener Fahrt, ca. 20 km in variablem Terrain gefahren werden.

Die positiven Platten des sog. Masseplattensystems bestehen einem Bleigitter mit eingeprefster Masse aus Bleiverbindungen. Bei einer Batterie von 84 Zellen mit einem Gewichte von ca. 1200 kg kann auf ebener guter Strafse und ununterbrochener Fahrt auf eine Fahrtweite von ca. 80 km, in variablem Terrain auf ca. 45 km gerechnet werden; dagegen beträgt die Ladezeit ca. 4—5 Stunden.

Der Einbau der Batterien ist in der Art bewerkstelligt, dafs dieselben in mehreren Kisten je nach der Gröfse der Zellen auf einem eisernen Rahmen unterhalb des Wagenkastens untergebracht sind. Die Batterien können auch in einer einzigen grofsen Kiste eingebaut werden; in diesem Falle sind bei gröfseren Wagen jedoch zur Ermöglichung der Revision und Reparatur der Batterie hydraulische oder sonstige mechanische Hebevorrichtungen erforderlich.

Die Lenkung des Wagens erfolgt mittels Handrades und Übertragung durch Schraube auf die Lenkhebel. Die vom Boden kommenden Stöfse werden vom Schraubengewinde des Lenkmechanismus vollständig aufgenommen.

Die Bremsung des Wagens wird bethätigt durch eine elektrische Kurzschlufsbremse, die auf die Motoren wirkt; durch eine elektrische Reversierbremse, die zugleich die Rückwärtsbewegung des Wagens bewirkt; ferner durch zwei mechanische Bandbremsen, die auf die Naben der Hinterräder einwirken. Dieselben werden durch einen Fufshebel in Aktion gesetzt, welcher beim Niederdrücken zugleich den Strom selbstthätig ausschaltet.

Das Gewicht eines Wagens mit 5 PS als Normalleistung und ca. 1160 kg Batterie beträgt ca. 3000 kg.

Es sind sehr einfache Maschinen, diese Elektromotoren. (Fig. 7.)

Sie laufen geräuschlos, stofsen keine Verbrennungsprodukte aus, sind daher auch unbedingt geruchlos, haben keine Übersetzungen, Hebel und Gelenke, keine schwingenden Massen, so dafs die Bewegung überaus ruhig und stofsfrei vor sich geht. Eine derartige Maschine erscheint für den Strafsenbetrieb wie geschaffen. Der Franzose Vigreux, der Verfasser eines der bedeutendsten Werke über Automobilismus, darf wohl mit Recht sagen: »Le moteur électrique est sans contredit l'idéal des moteurs: La régularité de son fonctionnement et son élasticité merveilleuse suffisent pour justifier ce terme.«

Doch leider sind wir in der Wirklichkeit von diesem Ideale noch weit entfernt. Dem Accumulatorenbetriebe haften noch Gebrechen an, die seiner dauernden und allgemeinen Verwendung schwere, fast unüberwindliche Hindernisse in den Weg zu legen drohen.

Trotzdem die besten Kräfte an der Vervollkommnung der Accumulatoren arbeiten und alle mit den Mitteln moderner Technik zu ermöglichenden Verbesserungen an ihnen geprobt worden sind, ist es, wie wir gesehen haben, noch nicht gelungen, über das Versuchsstadium hinaus zu einer befriedigenden Lösung des Problems zu gelangen.

So liegt vor allem im grofsen Gewichte der Accumulatoren ein schwerer Nachteil des Betriebes. Derselbe ist insolange nicht zu beheben, als Blei und Bleiverbindung als verwandte Elektroden Verwendung finden müssen. Die genialsten Versuche auf Gewinnung eines weniger schweren Ersatzstoffes sind bis heute ohne Erfolg geblieben. Die bei der letzten Pariser Konkurrenz vorgeführten elektrischen Selbstfahrer hatten Accumulatorengewichte von ca. 30 kg pro 1 PS.-Stunde, d. i. annähernd das Doppelte von dem, was bei einer Dampfmaschine als Kohlen- und Wassergewicht mitgeführt werden mufs, und das 70—80fache von dem, was ein Daimler-Motor unter gleichen Verhältnissen an Benzinvorrat mitzuführen hat. Will man aber beim elektrischen Betriebe Nutzlast bezw. tote Last in ihrem Verhältnis

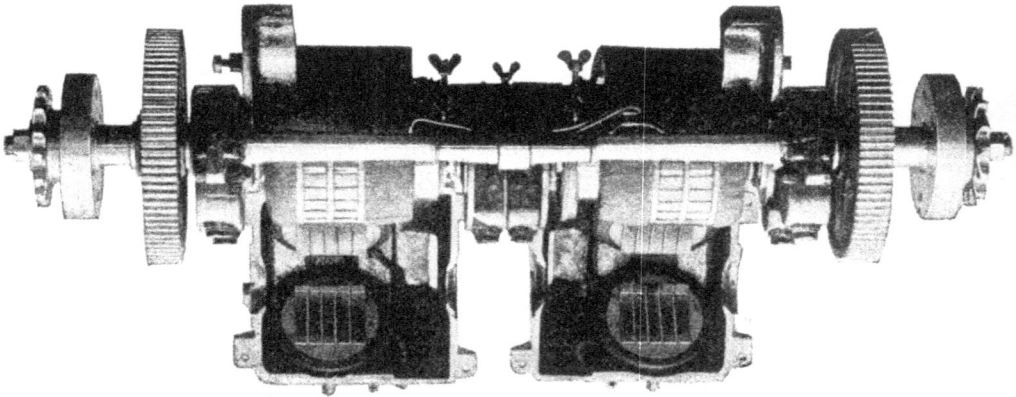

Fig. 7. Doppelmotor geöffnet.

zum Betriebsgewicht in annehmbaren Grenzen halten, so kann dies nur auf Kosten der Reduktion der Fahrtdauer pro Ladung geschehen.

Die geringe specifische Energie der Accumulatoren ferner erweist eine Ausdehnung des Betriebes auf beliebige Gegenden oder Entfernungen als unmöglich und legt den Elektromotor an eine bestimmte Centrale fest. Jede Batterie kann nur ein bestimmtes Quantum elektrischer Energie aufnehmen; Erhöhung der Energie wäre daher nur durch Vermehrung der Batterien, d. i. des Gewichtes und der toten Last, möglich. Ein Nachteil wäre so durch den anderen aufzuheben.

Um diesem Übelstände zu vermeiden, richtete sich das Augenmerk auf die bei Schienenselbstfahrern bisher mit gutem Erfolge angewandte oberirdische Stromzuführung.

Bemerkenswert sind in dieser Richtung die Versuche der Firma Siemens & Halske in Berlin und des Ingenieurs Nave in Paris.

Die Firma Siemens & Halske hat einen Wagen construiert, welcher sowohl als Strafsenbahnwagen auf Schienen, wie auch als Omnibus frei auf der Strafse verwendbar ist. Während der Wagen sich auf den Schienen befindet, nimmt derselbe seine Energie aus einer oberirdischen Kontaktleitung mittels eines Kontaktbügels, wobei gleichzeitig eine Accumulatorenbatterie des Wagens gespeist wird. Bewegt sich der Wagen frei auf der Strafse, so nimmt er die Energie aus dieser Accumulatorenbatterie. Da nun der Wagen von Zeit zu Zeit auf die Schienen und so unter die Leitung zurückkehrt, so kann die Accumulatorenbatterie etwas kleiner als bei gewöhnlichen, nur durch Accumulatoren gespeisten Wagen gewählt werden. Diese etwas umständliche Kombination wird sich in speciellen Fällen, hauptsächlich bei Strafsenbahnen nach System Siemens bewähren. Eine weitere Verwendung derselben in gröfserem Mafsstabe, unabhängig von Strafsenbahnen, ist jedoch nicht möglich.

Eine rein oberirdische Stromzuführung versuchte der Ingenieur Nave dadurch zu erreichen, dafs er längs der Strasse zwei Kontaktleitungen spannte, auf welchen er zwei voneinander isolierte Stromabnehmerrollen laufen liefs. Die Stromzuführung zum Wagen erfolgte durch ein biegsames Kabel, der Stromabnehmer selbst wurde durch den automobilen Wagen gezogen. Die Zugwirkung des Wagens und die sich den Abnehmerrollen (T r o l l e y) entgegenstellenden Widerstände führten jedoch häufig eine Verdrehung des Trolley herbei und veranlafsten fortwährende Entgleisungen desselben oder bei gröfseren Geschwindigkeiten Deformierung der Leitung. Um dem entgegenzutreten, wurden excentrische Bewegungen der Zugvorrichtung zugelassen. Die hiermit gemachten, sehr umfangreiche Versuche, welche von verschiedenen Konstrukteuren durchgeführt wurden, haben jedoch zu einem für automobile Zwecke brauchbaren Resultate nicht geführt.

Eine Lösung der Schwierigkeiten oberirdischer Stromzuführung zu einem Wagen, der frei in seiner Bewegung sein und sich über die jeweilige Strafsenbreite, je nach vorhandenen Hindernissen, von der Luftleitung entfernen soll, wurde neuerdings durch ein von dem Ingenieur Lombard-Gérin in Paris erfundenes System gewonnen.

Nach Lombard-Gérin werden gleichfalls zwei Leitungen verwendet und der Strom durch zwei voneinander isolierte Rollen abgenommen. Diese Rollen sind jedoch hier von den Zugwirkungen des Wagens unabhängig gemacht, und zwar dadurch, dafs sie selbstthätig motorisch angetrieben werden.

Die praktische Durchführung dieser Idee wurde für eine Gleichstromleitung folgendermafsen erzielt: Auf zwei, in gleichmäfsiger, naher Entfernung gezogenen Gleichstromleitungen, von denen eine die Hinleitung, die andere die Rückleitung bildet, laufen auf gemeinsamer Achse, isoliert voneinander zwei Rollen, an deren Innenseite zwei starke Hartgummischeiben befestigt sind. (Fig. 8.) An die Achse der Rollen ist isoliert ein kleiner Drehstrommotor aufgehängt, dessen sich drehender äufserer Teil durch Federn an die Hartgummischeiben gedrückt wird, so dafs bei seiner Drehung die Hartgummischeiben und mit diesen die Rollen in Rotation versetzt werden und dann auf den Leitungen, wie auf Schienen, weiterlaufen. Die Stromquelle dieses Trolleymotors ist folgendermaßen gewonnen: Der Motor des W a g e n s wird durch zwei von den Rollen ausgehende Leitungen gespeist. Auf dem Anker des Wagenmotors nun befinden sich, noch besonders aufgelegt, drei um ein Drittel des Ankerumfanges gegeneinander versetzte Wickelungen, welche so miteinander verbunden sind, daß bei Drehung des Wagenmotors in denselben Drehstrom entsteht. Dieser Drehstrom wird durch Schleifkontakte

Fig. 8. Trolley-motor.

auf der Motorwelle abgenommen und durch drei Leitungen zum Drehstrom-motor des Trolley geführt. Es wird daher bei einer Drehung des Wagen-motors auch die Drehung des Trolleymotors und somit in Folge der Anpressung desselben an die Hartgummischeiben Drehung dieser selbst verursacht. Da, wie erwähnt, die Hartgummischeiben auf der gemeinsamen Achse der auf den Leitungen laufenden Rollen befestigt sind, wird damit

Fig. 2. Lombard-Gérin'scher Wagen (im Wenden begriffen).

auch deren Umdrehung bezw. Fortbewegung erzielt. Durch die Wahl eines zweckmäfsigen Übersetzungsverhältnisses ergibt sich eine etwas gröfsere Geschwindigkeit des Stromabnehmers gegenüber derjenigen des Wagens, so dafs ersterer jeweils dem Wagen vorauseilt.

Die Gleichstromleitungen zum Wagenmotor sind mit den Leitungen zum Drehstrommotor des Trolley zu einem biegsamen Kabel vereinigt und münden in eine Kontaktkuppelung aus. (Fig. 9.) Diese Kontaktkuppelung ist am Ende eines auf dem Wagen befindlichen Rohres angebracht und kann dadurch die Abschaltung der Leitungen vom Wagen bewirkt werden. Die Ermöglichung der Abschaltung der Leitungen gestattet bei zwei sich begegnenden Wagen leicht einen Austausch der Trolleywagen, wodurch eine Kreuzung der Wagen ohne Luftweichen bewerkstelligt werden kann.

Die Vorteile des Lombard-Gérinschen Systems beruhen darin, dafs im Gegensatze zu anderen Anlagen mit oberirdischer Stromzuführung der Wagen sich frei über die ganze Strafsenbreite bewegen kann, ohne dafs Zerrungen in den Leitungen eintreten könnten, da die Geschwindigkeit des Trolley abhängig ist von der Geschwindigkeit des Automobilwagens und sich gemäfs dieser einstellt. Durch das Voraneilen des Trolleywagens sind die Zuleitungen stets straff gespannt und entgegenkommende Wagen finden keine Hindernisse.

Ferner wird durch das Voraneilen des Trolleywagens erzielt, dafs dieser unter steter Beaufsichtigung des Wagenführers bleibt; andererseits macht dessen Selbstthätigkeit das Geschäft der Beaufsichtigung leicht und ermöglicht dem Wagenführer, seine ganze Aufmerksamkeit der Führung des Wagens selbst zuzuwenden.

Wir haben die Runde um die verschiedenen derzeitigen Betriebssysteme vollendet.

III. Leistungsfähigkeit der verschiedenen Systeme.

Inwieweit erweisen sich die einzelnen Antriebssysteme für den Strafsenverkehr verwendbar?

Besitzen wir heute bereits genügend Beobachtungen und Erfahrungen, um zu einem Urteil über deren Gebrauchswert gelangen zu können?

Wir sind in der Lage, diese entscheidende Frage bejahen zu können.

Ein guter Berater ist uns vor allem der Sport — und ihm dient noch weitaus der gröfste Teil der zur Zeit im Gebrauche befindlichen Gefährte —, der im verflossenen Jahre ein ungewöhnlich reges Leben und Treiben entfaltet hat. Die Zusammenstellungen der zahlreichen Rennergebnisse, die gewonnenen Rekords geben uns ein wertvolles Material zur Beurteilung der zur Zeit zu erzielenden Maximalleistungen an die Hand. Ferner verfügen wir über die praktischen Ergebnisse der unter den verschiedenartigsten Terrain- und Witterungsverhältnissen von Einzelnen unternommenen Dauerfahrten sowie die Resultate ständiger Betriebe, die ein ziemlich verlässiges Bild über die Licht- und Schattenseiten der einzelnen Systeme und Typen entrollen.

Die normale Leistungsfähigkeit eines Wagens unter normalen Terrain-verhältnissen entnehmen wir den bei den einzelnen Wettfahrten erreichten Geschwindigkeiten.

So wurden unter guten Straßenverhältnissen bei gewöhnlichem, welligen Terrain ausgeführt: die Fernfahrten Mannheim—Pforzheim—Mannheim auf einer Gesamtstrecke von 171 km und eine von Straßburg aus in dessen Umgebung unternommene Fahrt von insgesamt 90 km Strecke.

Die Ergebnisse sind:*)

Tabelle I.

für Straßburg auf 90 km			für Mannheim auf 171 km		
Wagen	Fahr-zeit	km p. h.	Wagen	Fahrzeit	km p. h.
Rennwagen Bollée . . .	1ʰ 28′	61,35	Rennwagen	3ʰ 51′	44,40
Schwere Tourenwagen . .	2ʰ 12′	40,90	Tourenwagen . .	5ʰ 18′ 45″	32,19
	2ʰ 38′	34,32	Voiturettes	5ʰ 35′	30,65
Leichte Tourenwagen . .	1ʰ 44′	52,02	Dreiräder	4ʰ 25′	38,69
	2ʰ 03′	43,90			
	2ʰ 21′	38,29			
Motocycles	2ʰ 09′	41,86			
	2ʰ 20′	38,63			
	2ʰ 25′	37,19			

Die von den Siegern erzielten mittleren Geschwindigkeiten jeder Wagen-klasse sind Leistungen, welche unsere Personenzüge nicht erreichen.

Die höchste bisher genommene Geschwindigkeit fuhr der elektrische Rennwagen von Jenatzy in Paris. Derselbe, von seinem Konstrukteur »Jamais content« genannt, konnte auf kurze Zeit ein Tempo von 107 km in der Stunde fahren.

Bekanntlich überschreitet z. Z. der schnellste Eisenbahnzug in Deutsch-land die Geschwindigkeit von 95 km p. h. nicht.

Wenn auch ein solches Tempo für gewöhnlich infolge der Gefahren für die Verkehrssicherheit der Straßen außer Betracht bleiben muß, so kann doch derartigen Rekords eine Existenzberechtigung nicht abgesprochen werden; denn sie liefern für alle Fälle den Beweis, was das im einzelnen Wagen verkörperte System überhaupt zu leisten im stande ist.

Das praktische Interesse nehmen jedoch mehr jene Fahrten in Anspruch, die weniger auf Forcierung einer momentanen Leistung als den Nachweis der Betriebssicherheit und Ausdauer der Wagen gerichtet sind. In dieser Hinsicht instruktiv sind die im vorigen Jahre veranstalteten großen Fern-fahrten: Paris—Toulouse und Berlin—Aachen.

---

*) Es werden lediglich die Resultate der Wagen erwähnt, denen Preise zu-erkannt wurden.

Die Strecke Paris—Toulouse beträgt **1461,5 km**. Dieselbe wurde von nachstehend verzeichneten Siegern ohne Zwischenfall oder Wagendefekt genommen. Die Ergebnisse sind:

Tabelle II.

Wagen	Gesamt-Fahrzeit	demnach km p. h.
Motocycles:		
Teste[1])I . .	29ʰ 51' 53"	48,94
» II . .	33ʰ 21' 16"	44,42
» III . .	33ʰ 48' 51"	43,22
Voiturettes . . .	40ʰ 26' 46"	36,13
Mors[1])	26ʰ 43' 53"	54,67[2])
Panhard[1]) . . .	28ʰ 2' 7"	52,12

Die Strecke Berlin—Aachen beträgt **690,3 km**. Unfälle und Wagen- oder Motordefekte sind auch hier nicht vorgekommen.

Wir sind hier in der Lage, die einzelnen Wagengruppen näher zu klassifizieren: Zu Klasse I: Motorräder (2 oder 3 Räder) waren zugelassen: Fahrzeuge im Gewichte bis 250 kg. Zu Klasse II: Kleine Wagen (Voiturettes): Fahrzeuge im Gewichte bis 400 kg. Zu Klasse III a: Tourenwagen: Fahrzeuge im Gewichte von mehr als 400 kg. Die Kraft dieser Wagen durfte 9 PS. nicht übersteigen; auf denselben mußten mindestens 2 Personen fahren. Klasse IIIb: Tourenwagen: Fahrzeuge im Gewichte von mehr als 600 kg mit Motoren von mehr als 9 PS. Auf den Fahrzeugen dieser Klasse mußten mindestens 4 Personen fahren. Endlich Klasse IV: Fahrzeuge im Gewichte von über 250 kg (Rennwagen).

Die Resultate sind:

Tabelle III.

Wagen	Gesamt-zeit	km p. h.	Wagen	Gesamt-zeit	km p. h.
Klasse I:			**Klasse IIIa:**		
Motorräder I . . .	14ʰ 46' 22"	46,727	Leichte Tourenwagen I	18ʰ 18' 8"	38,264
» II . . .	17ʰ 49' 36"	38,667	» » II	25ʰ 39' 46"	26,89
» III . . .	33ʰ 8' 39"	20,828	» » III	31ʰ 39' 18"	21,807
			» » IV	33ʰ 21' 56"	20,689
Klasse II:					
Voiturettes I . . .	23ʰ 28' 19"	29,409	**Klasse IIIb:**		
» II . . .	27ʰ 49' 46"	24,8	Schwere Tourenwagen I	24ʰ 56' 58"	27,669
» III . . .	28ʰ 30' 41"	24,213			
» IV . . .	28ʰ 38' 33"	24,1	**Klasse IV:**		
» V . . .	29ʰ 18' 47"	23,549	Rennwagen	16ʰ 59' 24"	40,746
» VI . . .	29ʰ 41' 50"	23,244			
» VII . . .	32ʰ 7' 26"	21,458			

[1]) Marke des Wagens.
[2]) Rennwagen mit 30 PS.

Ziehen wir die bei beiden Fahrten zu nehmenden Wegestrecken: (Berlin—Aachen mit 690,3 km und Paris—Toulouse mit 1461,5 km) in Betracht und vergleichen dazu die erzielten Geschwindigkeiten und bei Berlin—Aachen das mitzuführende Gesamtgewicht, so können wir uns des Schlusses nicht entziehen, daſs es solid gebaute und tadellos funktionierende Maschinen sein müssen, die solchen Leistungen gewachsen sind.

Wenn wir beobachten, daſs die bei der Fernfahrt Berlin—Aachen erreichten Durchschnittsgeschwindigkeiten der einzelnen Klassen die in Frankreich gemachten Rekords nicht erreichen, so ist der Grund wohl darin zu suchen, daſs in Frankreich für ausschlieſsliche Schnelligkeitskonkurrenzen die besten Straſsen mit ganz minimalen Steigungen ausgesucht werden, während auf der Strecke Berlin—Aachen stellenweise sehr schlechte Straſsen und durchgängig coupiertes Terrain zu überwinden waren. Eine Parallele zwischen den Leistungen der einzelnen Wagenklassen ergibt nachfolgende Rangordnungen:

Bei der Fahrt Paris—Toulouse:
Rennwagen, Motorräder, Voiturettes.

Bei der Fahrt Berlin—Aachen:
Motorräder, Rennwagen, leichte Tourenwagen, Voiturettes, schwere Tourenwagen. Der Schluſs dürfte dahin zu ziehen sein, daſs auf ebenem Terrain und den wohlgepflegten Straſsen Frankreichs wohl die schwergebauten Rennwagen — Wagen Mors hat 30 PS. — das Feld behaupteten, bei Überwindung von Terrainschwierigkeiten und schlechterem Fahrboden aber die leichtesten Wagen: die Motorräder sich überlegen zeigten. Beachtung verdient aber auch bei letzterer Fahrt das von den schweren Tourenwagen (Klasse III b) erzielte Durchschnittstempo von 27,6 km p. h.

Neben diesen Dauerleistungen bei normalem, wenn auch coupiertem Terrain wurden im vergangenen Jahre auch verschiedene Proben für Überwindung gröſserer Terrainschwierigkeiten gemacht.

Eine der schwierigsten und steilsten Fahrstraſsen der an Bergen an sich reichen Steiermark dürfte der Schoeckl in der Nähe von Radegund sein. Die Straſse ist so steil, daſs Gespanne auf ihr überhaupt nicht verkehren. Ein viersitziger Benzinwagen nahm im August v. J. den Gipfel des Schoeckl, und Auf- und Abfahrt sowie die bergige Fahrt Trient—Radegund wurden ohne den geringsten Maschinendefekt zurückgelegt.

Ein gleich starker Wagen nahm Mitte September v. J. den Weg von Lend nach Bad Gastein. Die Steigungen dieser Straſse sind so stark, daſs einspännige Wagen mit 3 Pferden fahren und Lastwagen oft 6—10 Pferde vorspannen. Obwohl der Motor nur für 2 Personen berechnet war, nahm er doch, mit 3 Personen belastet, die ungewöhnliche Steigung.

Eine weitere ganz respektable Leistung ist eine Ende September v. J. von einem mit 3 Personen besetzten Wagen ausgeführte Fahrt über die bergige Straſse von Freiburg i. B. über Titisee nach Feldberghof.

Von Bergtouren gröſseren Stils sei eine Reise des Automobilisten R. v. Robert: Paris—Wien via Simplon und Mailand erwähnt. Das Gefährte war ein

9 pferdiger Benzinwagen. Der Weg führte zunächst über den langgestreckten Hügelzug der Côte d'Or: die Strecke — 208 km — wurde in 6 h 15′ genommen. Die Weiterfahrt von Macon bis Bourg brachte bei Cheyzeriat eine längere Steigung von 10%, ferner eine scharfe 1/2 stündige Steigung auf schmalen und schlechten Wegen an den Abhängen des Ainthales. Tagesleistung war: 115 km in 6 h 21′. Von Genf bis Martigny war die schlechte und schmale, dazu sehr geleisige Straße des Rhonethales zu passieren, die zur Hälfte verschottert, zur Hälfte mit zerstreuten Steinen belegt war. Tagesleistung: 90 km in 4 h 10′. Von Martigny nach Brieg auf starken 6, 8, 10 proz. Steigungen. Vor dem Orte Lenk war bei einer scharfen Kurve eine 14 proz. Steigung zu nehmen. Am nächsten Tage wurde der Simplon überschritten: der Wagen arbeitete sich mit gleichbleibender Sicherheit mit 2 Personen und 120 kg Gepäck Belastung auf die beträchtliche Höhe von 2100 m. Die Simplonstraße ist zwar schön gehalten, aber in der Konstruktion etwas verfehlt, da gerade die Kurven der Serpentinen die stärksten Steigungen — bis zu 12% — aufweisen. Der Weg oberhalb der Baumgrenze war teils schneeig, teils durchweicht. Die Südseite des Berges war stark verregnet. Die an diesem Tage zurückgelegte Wegestrecke betrug 59,7 km, wovon 19,6 km starke Steigungen bildeten; die Fahrzeit 4 h 35′. Eine anderen Tages vorgenommene Revision des Wagens ergab, daß alle Teile in vollständiger Ordnung sich befanden. Der Weg führte weiter am Ufer des Lago Maggiore über Gallarate, Rho nach Mailand. Die Straße war bis Arona sehr gut, bis Sesto mittelmäßig, dann schlecht (verstaubt und sehr geleisig). Tagesleistung: 122 km in 5 h 22′. Fahrt des nächsten Tages: Mailand—Brescia. Die Straße schlecht, verstaubt und löcherig. Tagesleistung: 102 km in 4 h 20′. Weitere Fahrt: Brescia—Verona, Verona—Sacile. Die Straße infolge eines niedergegangenen Gewitters stark durchweicht. Tagesleistung: 160 km in 6 h 8′. Von Sacile nach Venzone Regen und schlechte Straßen. Von Venzone nach Klagenfurt sehr bergige Strecke. Tagesleistung: 126 km in 5 h 12′. Von Klagenfurt nach Bruck starker Regen, durchweichte, sehr geleisige Straßen. Tagesleistung: 114,5 km in 4 h 15′. Nächsten Tag Ankunft in Wien. Der Motor erwies sich in jeder Richtung intakt und wurde ohne weiteres fortbenutzt.

Dr. R. v. Stern passierte mit einem Daimlerschen Benzinwagen mit einem Betriebsgewichte von 680 kg auf einer Automobilreise von St. Gilgen nach Paris und zurück auf der Strecke Graf—Interlaken den 1450 m hohen, steilen Col des Mosses, nahm ferner auf der Strecke Chateau d'Oex—Saanen—Simmerthal—Spietz eine Steigung von insgesamt ca. 1100 m in kürzerer Zeit als der zwischen den beiden Orten Bern—Thun verkehrende Eisenbahnzug. Trotz dieser Anforderungen und Passierens teilweiser sehr schlechter Straßen — (so befindet sich die Strecke Innsbruck—Hall—Rattenberg, Woergl—Eltmann—St. Johann in Tirol—Lofa, in sehr schlechtem Zustande und ist wegen vieler Wasserrinnen sehr unangenehm zu befahren) — war auf der ganzen Reise, ca. 3500 bis 4000 km, nicht die geringste Störung am Motor oder Mechanismus wahrzunehmen.

Neben diesen Einzelleistungen bietet sich uns in der Semmering-Bergfahrt des Österreichischen Automobilklubs eine wertvolle Gegenüber-

stellung der sämtlichen Wagengattungen in ihrer Leistungsfähigkeit in Überwindung von Steigungen.

Die Rennstrecke: die Serpentinenbergstraſse von Schottwien auf den
Semmering betrug 10 km bei 400 m Höhendifferenz. Beteiligt waren:
1. Motocycles, 2. Tourenwagen im Gewichte von über 400 kg mit 4 Personen
im Gesamtgewichte von 280 kg, 3. Elektromobilen, 4. Voiturettes, besetzt mit
2 Personen, 5. Motocycles mit Avantrain, der mit 1 Person besetzt war.

Das Ergebnis ist folgendes:

Tabelle IV.

Wagen	Marke	Fahrzeit	Reihenfolge der Ankunft	km p. h.
Motocycles *)	Dion-Bouton	14' 38⁴/₅''	1	41,02
, ...	, ,	22' 14''	6	26,99
, ...	Chavanet	16' 43³/₅''	3	35,88
, ...	Darwcy-Prof	15' 54²/₅''	2	37,73
Tourenwagen	Daimler	21' 01¹/₅''	5	28,54
, ...	,	16' 57''	4	35,39
, ...	,	24' 24⁴/₅''	11	24,57
Elektromobil	Jenatzy	22' 27¹/₅''	7	26,74
Voiturettes	Dion-Bouton (Benzin)	22' 53''	9	26,24
, ...	Kondor (Benzin)	49' 01⁴/₅''	13	12,24
, ...	Lokomobile (Dampf)	23' 05''	10	15,19
, ...	,	24' 40⁴/₅''	12	24,33
, ...	Dion-Bouton (Benzin)	22' 49²/₅''	8	26,38

Die Motordreiräder haben hier wieder den Sieg davongetragen. Sie
haben den Berg in dem Tempo unserer Personenzüge genommen. Gewiſs
eine ganz vorzügliche Fahrleistung.

Der schwere Tourenwagen, im gewöhnlichen Rennen Berlin—Aachen in
letzter Reihe, hat sich hier den 2. Rang gewonnen. Ein Beweis dafür, daſs
er bei der Konkurrenz in Überwindung von Terrainschwierigkeiten widerstandsfähiger als andere vierräderige Wagen ist. Ganz beachtenswerte Erfolge
haben aber auch die kleinen Vergnügungsvehikel: Voiturettes errungen.
Trotzdem nur 3¹/₂ PS in ihnen wirkten, haben sie doch in einem 26 km-Tempo
die Höhe bewältigt.

Nach diesen Erfahrungen darf wohl behauptet werden, daſs das auch
heute noch vielfach herrschende Vorurteil, Automobile könnten Berge gar
nicht oder nur in höchst bedächtigem Tempo nehmen, endgültig widerlegt sei.
Interessantes Material für die Beurteilung der Leistungsfähigkeit der
Selbstfahrer haben ferner die von den einzelnen Heeresverwaltungen mit
denselben angestellten Versuche ergeben.

Von der preuſsischen Heeresverwaltung wurden zunächst auf dem
Tempelhofer Felde bei Berlin Proben vorgenommen, die befriedigten.

---

*) Pedalunterstützung war verboten.

Trotzdem das Gelände des Kreuzberges sehr hügelig ist, fuhr das mit 6 Mann besetzte Fahrzeug elastisch und ohne Erschütterungen durch das Terrain. Eine weitere Versuchsfahrt vom Harz nach Berlin mit 4 Benzinlastwagen für Verpflegung und Munition gelang ebenfalls. Die Fahrt ging von Quedlinburg über das Harzgebiet bei Gernrode, Suderode, Thale, Blankenburg. Die Lastwagen, von denen der gröfste mit 45 Ctr. beschwert wurde, hatten nicht nur die guten, aber steilbergigen Strafsen nach Harzgerode und Friedrichsbrunn zu befahren, sondern mufsten auch auf steinigen und sandigen Feldwegen sowie im losen Ackerboden grofse Strecken zurücklegen. Weiter unternahmen die Wagen mit höchster Belastung das Wagstück einer Brockenfahrt von Quedlinburg über den Hexentanzplatz, Treseburg und Schierke, wobei sie in Bezug auf Schnelligkeit erfolgreich mit der Brockenbahn konkurrierten. Vom Brockengipfel wurde der Weg über Isenburg, Halberstadt nach Magdeburg in 6 h zurückgelegt; am 2. Tage nach Berlin mit einer Fahrgeschwindigkeit von 40 km p. h.

Nach diesen Versuchen fand der Selbstfahrer im letzten Kaisermanöver Verwendung. Es waren im ganzen 9 Wagen: 8 Benzinmotoren und ein 18 pferdiger Serpolletwagen in Verwendung. Dazu waren noch von einigen Fabriken mehrere Wagen gestellt. Nach verschiedenen Bestätigungen von Korpskommandos haben sich die Wagen, insbesondere für Aufklärungszwecke, zur Überbringung wichtiger Sachen, zur raschen und sicheren Verbringung der höheren Offiziere von einem Standorte zum anderen sehr gut bewährt. Das Terrain war sehr ungünstig, da grofsenteils nur sandige Feldwege vorhanden waren.

Gleich gute Erfahrungen hat die Österreichische Militärverwaltung mit den von ihr angestellten Versuchen gemacht. So wurde unter anderem eine forcierte Dauerfahrt von Wien nach Przemysl unternommen. Die Route ging von Wien über Prefsburg, Sittein, Lipto-Szt. Miklos, Sandez, Jaslo nach Przemysl. Einmal mufste der Tatra, zweimal die Karpathen genommen werden. Die Steigungen waren sehr bedeutende. Die höchste, an die Kletterfähigkeit des Automobils gestellte Anforderung war die einer Steigung von 250 m auf einer Strecke von nur 1500 m, die stellenweise 19 % betrug. Die Gesamtstrecke Wien—Przemysl wurde in 32 Fahrstunden zurückgelegt und es ereignete sich hierbei aufser einem Pneumatikdefekt kein weiterer Unfall.

Der Wagen hielt sich gut und hielt den schärfsten Erprobungen der forcierten und rücksichtslosen Fahrt vollkommen stand. Das Gewicht des Automobils, komplett ausgerüstet, mit 3 Personen, betrug 1600 kg. Die Strafsen waren in Ungarn sehr gut, in Galizien dagegen sehr schlecht.

Im umfangreichsten Mafse wurden in F r a n k r e i c h während der letzten Manöver zu Chartres die Automobile für militärische Zwecke in Verwendung genommen. Alle Automobilgattungen vom Motocycle für Estaffettendienste bis zu den schwersten Lastwagen und Trains der Artillerie waren bei den militärischen Übungen vertreten. Der Post- und Telegraphendienst sowie der Ambulanzdienst wurden mit Automobilen besorgt.

Wie aus den einzelnen Berichten aus Chartres hervorgeht, haben sich die Wagen bewährt. So schreibt eine Mitteilung: »Der gröfste Erfolg der bei den Manövern verwendeten Automobile war das gänzliche Fehlen von

Zwischenfällen. Alle Fahrzeuge funktionierten mit verblüffender Sicherheit. Insbesondere in Bezug auf den Fouragetransport erzielte man aufserordentlich günstige Resultate. Die Fahrzeuge brachten den ganzen Proviant nicht nur in einer viermal kürzeren Zeit an Ort und Stelle, sondern auch in einem Gefährte stets 4 volle Wagenladungen auf einmal. Nach den gemachten Erfahrungen kann mit 2 derartigen Automobilen ein ganzes Armeekorps seinen Bedarf decken, und 4 Wagen liefern diesem Munition dazu; verrichten also eine Arbeit, zu der 64 Wagen und 130 Pferde mit den sonstigen Bedienungsmannschaften verwendet werden müfsten. Aber auch die Personenbeförderung erwies sich als ein Fortschritt auf dem Gebiete des Manöverdienstes, indem jeder Offizier durch das coupierteste Terrain rasch und sicher seinem Truppenteile zugeführt wurde.«

Auch im Kriege wurden Automobile bereits in Verwendung genommen. Zum erstenmal von dem Kriegsdepartement der Vereinigten Staaten im Kriege auf den Philippinen. Auch auf den Kriegsschauplatz in China ist ein Automobil abgegangen. Dasselbe ist ein 6 pferdiger Benzinmotor aus der Motor-Fahrzeugfabrik Marienfelde, bestimmt zum Transport des Materials für Telegraphie ohne Draht. Der Motor des Automobils bewegt den Wagen, und treibt eine Dynamomaschine, welche die nötige Elektricität für die Telegraphie ohne Draht liefert.

Es erübrigt noch, zu untersuchen, ob und inwieweit der Selbstfahrer auch den durch die Witterungseinflüsse verursachten Terrainschwierigkeiten gewachsen ist. Die Möglichkeit des Betriebes während des Regens und auf durchweichten Strafsen läfst sich aus den dargelegten Erfahrungen bereits entnehmen. Aber auch für die Durchführbarkeit des Betriebes bei Schnee und Eis sind bereits Proben vorhanden. So wurde im Februar v. J. auf der 145 km langen Chaussee: Berlin—Stettin, die teilweise mit Schnee bedeckt, teils infolge des Tauwetters durchweicht war, eine Versuchsfahrt in 7 ʰ ohne Zwischenfall ausgeführt. Der Wagen entwickelte somit trotz der denkbar schlechtesten Strafsendecke eine Geschwindigkeit von 24 km p. h. Gleich günstig ist das weiter vorliegende Ergebnis einer am 15. XII. 99 von Wien nach Baden in fufstiefem Schnee gemachten Fahrt. Der 9 pferdige Motor nahm ohne Störung die 30 km lange Strecke in 1 ʰ 40'. Ebenso haben sich die in Berlin in Gebrauch stehenden Daimler-Geschäftswagen und Daimler-Droschken im Schnee bewährt. Sie haben während der ganzen Saison funktioniert, keinen Augenblick versagt. Auch die Motordreiräder waren den Schneemassen völlig gewachsen, nur verringerte sich deren Geschwindigkeit.

Die Scotteschen Dampfwagen haben im Maasdepartement im tiefsten Schnee regelmäfsig verkehrt. Der den Betrieb leitende Ingenieur gelangt zu folgendem Gutachten: Schnee und Frost beeinträchtigen den Betrieb der Scotte-Süge nur insofern, als sie die Fahrgeschwindigkeit auf 7,5 km* p. h. einschränken; Regen- und Tauwetter gestatten im allgemeinen noch 8 km Geschwindigkeit in der Stunde.

Die letzten Bedenken gegen die Möglichkeit des Motorbetriebes unter Schnee- und Eisverhältnissen dürften durch die von dem Franzosen Lamarre

---

*) Die Fahrleistung der Scotte-Züge ist infolge deren grofsen Betriebsgewichtes an sich eine mäfsige; siehe Tabelle VI.

ausgeführte Fahrt nach Klondyke behoben sein. Lamarre fuhr auf Motor-
dreirad mit 2 Begleitern am 4. IV. 00 vom Bennettsee, der Endstation der
Eisenbahnlinie, ab und gelangte durch die Eiswüste mit einer mittleren
Geschwindigkeit von 25—30 km p. h. an den Atlinsee und die gleichnamige
Stadt. Die Fahrt ging ohne Zwischenfall über die durch die grofse Kälte
zu Eis erstarrten Flüsse und Bäche hinweg; ja die gefrorene glatte Bahn
und der schneebedeckte Weg erwiesen sich für die Fahrt günstiger als die
staubigen, durchfurchten Landstrafsen. Hindernisse ergaben sich erst auf
der Rückfahrt, als plötzlich die Eisdecke zu schmelzen begann und das
Fahrzeug stellenweise in die nachgiebige Eisdecke einsank. Doch wurde,
wenn auch mit verminderter Geschwindigkeit, der Bennettsee wieder glück-
lich erreicht. Lamarre hat bereits eine zweite Fahrt nach Klondyke
angetreten. Zur Hintanhaltung des Einsinkens des Fahrzeuges in den
Schnee führt er eine neue, besondere Vorrichtung bei sich: Die beiden
Vorderräder werden nämlich in Schlittenkuffen verwandelt,
während die Pneumatiks der Hinterräder durch Spieker er-
setzt werden. Die Resultate dürften umsomehr interessieren, als Lamarre
erklärt, die angestellten Versuche seien durchaus gelungen.

Beigefügt sei noch, dafs der Selbstfahrer trotz der von ihm durchgängig entwickelten Geschwindigkeit die Sicherheit des allgemeinen Verkehrs nicht beeinträchtigt. Wir haben oben gesehen, dafs die Lenk- und
Bremsvorrichtungen so einfach, rasch und sicher funktionieren, dafs ein
tüchtiger Leiter des Wagens denselben vollkommen beherrschen mufs. Ein
uns vorliegender Artikel aus London berichtet über diese Zuverlässigkeit
und Betriebssicherheit der Wagen, wie folgt: »Es spricht jedenfalls für die
gute Konstruktion der Vehikel, dafs trotz der Überfüllung der Verkehrswege
der Hauptstadt Unglücksfälle beinahe gar nicht vorkommen. Die Bremsvorrichtungen wirken immer in bester, die Laien überraschender Weise,
und im dichtesten Wagengewühle der City steht das Motorgefährt plötzlich
wie festgebannt, wenn der Policeman seinen Arm erhebt, zum Zeichen,
dafs die Wagen anzuhalten haben, um die Fufsgänger den Damm passieren
zu lassen. Das grofse Publikum gewöhnt sich an die Wagen und überzeugt
sich mehr und mehr, dafs ihm von dem Motorwagen keine andere Gefahr
droht, als von einem durch Pferde gezogenen Gefährte, und dafs in den
Händen zuverlässiger Personen der Mechanismus guter Konstruktionen
immer unter Kontrolle steht.«

Diese Eigenschaft der Motorwagen wurde auch amtlich erprobt. Am
15. VIII. 00. fanden unter Beteiligung des Oberpräsidenten von Hannover,
Grafen zu Stollberg, des Polizeipräsidenten von Hannover, mehrerer Räte
des Oberpräsidiums, Mitglieder der Hildesheimer Regierung und einiger
Landräte auf der Landstrafsenstrecke von Pattensee nach Hildesheim mit
3 Motorwagen Probefahrten statt, um festzustellen, ob das Fahren mit
Motorwagen auf den Landstrafsen den Verkehr gefährde. Das Resultat der
Probefahrten war sehr günstig; es wurde konstatiert, dafs der Landstrafsen-
verkehr durch die Motorwagen nicht gestört werde.

Überblicken wir die gewonnenen Ergebnisse, so kommen wir zu dem
Schlufs, dafs die Selbstfahrer allen Anforderungen des Strafsenverkehrs

sich gewachsen zeigen; unter allen Strafsenverhältnissen, in jedem Gelände, bei Steigungen und strapaziösen Dauerfahrten funktionieren sie in gleich verläfsiger Weise; Schnee und Eis hindern ihren Betrieb nicht; an allen Orten, zu jeder Jahreszeit sind sie betriebsfähig und betriebssicher. Dabei entfalten sie eine Schnelligkeit, die sich mit dem besten Verkehrsmittel, den Eisenbahnen, messen kann, eine Elasticität, die den Anforderungen des intensivsten Verkehrs gewachsen ist. Das sind Zeichen der Lebensfähigkeit des Automobilismus, Beweise für seine Existenzberechtigung als Verkehrsmittel.

Mit diesen Ergebnissen sind wir auf einer Basis angelangt, auf Grund deren wir der Untersuchung der einzelnen im Betriebe befindlichen Systeme und deren Gebrauchsfähigkeit für den Strafsenbetrieb und gegenseitigen Vor- und Nachteile näher treten können.

In nachfolgender Tabelle sind die Betriebswerte der verschiedenen Motorsysteme verglichen und zwar unter Zugrundelegung von gewöhnlichen Steigungsverhältnissen (1 : 80 bis 1 : 25.)

Tabelle V.

1	2	3	4	5	6	7	8	9	10	11	12	13	14
												Verhältnis von	
	Fahrzeuge und Motorart	Betriebsgewicht	Nutzlast	Geschwindigkeit p. h.	Fahrtdauer bei einer Ladung	Fahrtweite bei einer Ladung	Motor- u. Transmissionsgewicht	Wagengestell	Energievorrat bezw. Ladung	Tote Last	Pferdekraft des Motors	Nutzlast z. Betriebsgewicht Spalte 4 / Spalte 3	Energievorrat zur toten Last Spalte 10 / Spalte 11
		kg	kg	km	h	km	kg	kg	kg			in Prozenten	
1	Marienfelder Geschäftswagen (Elektromotor)	1800	500	15	4	60	100	600	600	1300	3,75	28	46
2	Schwerer Lastwagen (Elektromotor)	4500	500	14	10	140	250	1500	2250	4000	6	11	56
3	Schwerer Lastwagen (Elektromotor)	4500	2300	14	2	28	250	1500	450	2200	6	50	20
4	Leicht. Daimler-Lastwagen (Benzinmotor)	3300	1500	14	10	140	400	1380	20	1800	4	45	1,1
5	Mittlerer Lastwagen (Benzinmotor)	4500	2500	14	10	140	480	1490	30	2000	6	56	1,5
6	Schwerer Lastwagen (Benzinmotor)	7500	5000	12	10	120	710	1720	70	2500	12	67	2,8
7	Dampfomnibus Dion et Bouton (Dampfmotor)	6160	1120	20	2	40	4290		750	5040	20	11	15
8	Lastwagen Dion et Bouton (Dampfmotor)	9910	2500	14	1,8	25	4100 2310 / 6410		1000	7410	30	25	13
9	Lastenzug von Scotte (Dampfmotor)	11750	4200	10	3?	30?	6120		1430	7550	35	36	19

Auf Linie 1 sind die Betriebswerte für einen leichteren Elektromotor — Geschäftswagen — der Marienfelder Fabrik, der sich auch für den Transport von 5—6 Personen eignen würde, angegeben; unter No. 2 und 3 sind die Werte für ein schweres Elektromotorfahrzeug mit einem Betriebsgewicht von 4500 kg überschläglich ermittelt zwecks Vergleichs mit einem gleich schweren Daimler - Motor derselben Fabrik (siehe unter No. 5) und einem Dampfwagen der Firma Dion et Bouton, der als »Char à bancs« an den Concours des poids lourds beteiligt war, die im August 1897 und im Oktober 1898 bei Versailles stattfanden. Die weiter aufgenommenen Fahrzeuge 7 und 9 haben ebenfalls an den Versailler Wettfahrten teilgenommen. Type No. 4 war an der oben erwähnten Konkurrenz für Armeefahrzeuge im Harz (Quedlinburg—Berlin) beteiligt. Das Daimler-Fahrzeug No. 6 soll dem Vergleich mit dem Dampfmotor No. 9 bezüglich Transports besonders schwerer Nutzlasten dienen.

Aus den Betriebswerten der Tabelle geht unzweifelhaft die bedeutende Überlegenheit der Explosionsmotore sowohl dem elektrischen als dem Dampfbetriebe gegenüber hervor, soweit es sich um den Transport schwerer Lasten handelt. Die immer wieder gehörte, vielleicht durch den massiveren Bau der Dampfmotoren veranlafste Anschauung, dafs der Transport schwerer Lasten das Feld für Dampfbetrieb sei, erweist sich als irrig. Man vergleiche nur die Fahrzeuge No. 4, 5, 6 und 7, 8, 9, unter Beachtung der Spalten 3, 4 und 13, dann aber auch namentlich der Spalten 6 und 7 um zu erkennen, dafs bei den Daimler-Motoren die Fahrweite rund das 3,5—5fache jener der Dampfselbstfahrer beträgt, wobei die Nutzlast der ersteren immer noch um einiges höher als bei den letzteren ist, während die Gesamtbetriebsgewichte, die doch vom Strafsenunterbau getragen werden müssen, bei den Dampffahrzeugen sogar rund das 1 1/2—2 fache von denen der Explosionsmotoren ausmachen. Auf der anderen Seite geht aus Spalte 13 hervor, dafs sich zwar der Nutzeffekt des Dampfbetriebes mit zunehmenden Lasten steigert, dafs dieses aber auch für die Explosionsmotoren gilt, wenngleich bei diesen die Steigerung langsamer vor sich geht. Dabei ist zu beachten, dafs der Dampfmotor, um zu einem gleich günstigen Prozentverhältnisse der Spalte 13, wie beispielsweise Type 4, zu gelangen, ein Gewicht erreichen müfste, das seine Verkehrsfähigkeit selbst auf gut gebauten Strafsen in Frage stellen würde. Soll aber einerseits der Wagen möglichst mobil alle Richtungen und Strafsen, auch solche mit schlechtem Untergrunde bei schlechten Witterungsverhältnissen, nehmen, anderseits der Strafsenkörper nach längerem Befahren nicht zu sehr in Mitleidenschaft gezogen werden, so mufs der Ausdehnung des Wagengewichtes eine Schranke gesetzt werden; man wird sich mit einem Maximalbetriebsgewichte von etwa 4000 kg begnügen müssen.

Die erreichbare Fahrweite ist bei den Explosionsmotoren am gröfsten. Die Tabelle läfst entnehmen, dafs eine Steigerung derselben bei den Explosionsmotoren nur eine geringe Erhöhung des Betriebsgewichtes erfordern würde. Der Vergleich der Fahrzeuge 4 und 5 läfst erkennen, dafs ein Daimler-Motor von beispielsweise 5 PS. mit einem Energievorrat von etwa 35 kg Benzin bei 14 km Fahrgeschwindigkeit und 200 km Fahrweite mindestens eine Nutzlast von 2000—4000 kg Betriebsgewicht aufnehmen könnte.

Würden wir für den Lastentransport einen Elektromotor, etwa Type 3, verwenden, so würde bei gleichem Prozentverhältnis der Nutzlast zur Betriebslast wie bei Type 5 die Fahrweite (Spalte 7) lediglich $1/6$ der letzteren betragen: hier 28 km, dort 140 km;. würde dagegen, wie Type 2 zeigt, die Fahrweite der des Explosionsmotors gleichzustellen versucht werden (s. Type 5), so würde der Prozentsatz der Nutzlast bedeutend reduziert werden müssen (siehe Spalte 13): Derselbe beträgt bei Type 5 : 56 %; bei Type 2 : 11 %, d. i. ca. $1/5$. Type 2 hätte dabei 2250 kg Accumulatorengewicht bei einem Gesamtbetriebsgewichte von 4500 kg mit sich zu führen, d. i. die Last des Energievorrates würde 50 % der Gesamtlast betragen.

Auch bei geringerer Nutzlast bessern sich die Verhältnisse nicht zu gunsten der Elektromotoren. Die Betriebsgewichte von 2- bezw. 4 sitzigen Personenfahrzeugen betragen bei einer Nutzlast, die sich unter Einrechnung des Führers und Gepäcks auf 200 bezw. 400 kg annehmen läfst, 1100 bezw. 1500 kg und zwar bei einem Accumulatorengewicht von 400 bezw. 600 kg. Die Betriebswerte der Spalten 13 und 14 würden sich hiernach für den Zweisitzer auf 18 bezw. 44 %, für den Viersitzer auf 27 bezw. 55 % stellen; die dabei zu Grunde zu legende Fahrweite für eine Energieladung würde nicht über 60 km ausgedehnt werden können bei einer Maximalgeschwindigkeit von 28 km p. h. Demgegenüber würde ein Daimler-Wagen für 6 bis 8 Personen, d. i. mit Nutzlasten von mindestens 600 kg, bei gleicher Geschwindigkeit ein Betriebsgewicht von 1050 kg besitzen; die Betriebswerte in Spalte 13 würden 51 % betragen, dabei würde der Wagen einen Energievorrat für eine Fahrweite von 250 km bei sich führen.

Nachfolgende Tabellen sollen die gemachten Beobachtungen illustrieren, daneben auch die Kostenfrage berühren.

Tabelle VI.

	1	2	3	4	5	6	7	8	9
	Fahrzeuge	Anschaffungspreis	Betriebsgewicht	PS	Geschwindigkeit	Tagesleistung	Nutzlast	Anschaffungskosten p. kg Nutzlast	Anschaffungskosten p. Pferdekraft
		Fr.	Tonnen		p. h.	km	kg	M.	M.
1	Dampfomnibus Scotte	22 000	4	14	15	110	900	23	1515
2	» de Dion et Bouton	22 000	5	—	13,5	145	1600	14	—
3	Petroleummotor (Panhard u. Levassor) .	18 000	3,5	6	10,3	105	1000	18	3000
4	Kremser m. Vorspann (Dampfbetrieb) . .	26 500	6	34	7	108	2250	12	779
5	Personenwagen Scotte	26 000	4	16	9,8	105	2260	12	1625
6	Lastwagen m. Petroleum betrieb v. de Dietrich & Co. . .	6000	2 ?	6,5	9,7	90	1200	5	923
7	Dampflastwag. Scotte	24 000	11,5	—	7	70	—	—	—

Tabelle VII.

	1	2	3	4	5	6	7	8	9
	Marke	Nutz-last an Pers.	Nutz-last kg	PS	Be-triebs-gewich	An-schaf-fungs-preis	Verhältnis von Nutzlast zu Betriebsgewicht %	Preis p. kg Nutz-last M.	Nutz-ast pro Pferde-kraft kg
1	Velociped	2	150	3	370	2500	41	16,6	50
2	Comfortable	2—3	200	3	390	2800	52	14	66,6
3	Dos-à-dos	4	300	5	620	4500	49	15	60
4	»	3—4	300	9	700	—	—	—	—
5	Duc	3—4	300	5	725	4500	41	15	60
6	Vis-à-vis	4	300	6	780	4600	39	15,3	50
7	Phaëton-Americ. . .	4	300	9	925	6500	32	22	33,3
8	Mylord	5	375	8	1070	6500	35	18	47
9	Break	8	600	9	1050	6500	57	10,8	66,6
10	»	12	900	13—14	1400	8000	65	8,9	64,3
11	Lastwagen	—	600	6	1100	5000	55	8,3	100

Tabelle VIII.

	1	2	3	4	5	6	7	8	9	10	11	12
	Wagen-gattung	Be-triebs-ge-wicht kg	Nutz-last kg	PS	Anschaffungs-preis bei Benzin-Betrieb	Anschaffungs-preis bei elektri-schem Betrieb	km p. h.	Stei-gungen	Verhältnis der Nutzlast z. Be-triebsgewicht %	Preis pro Pferdekraft M.	Preis pro kg Nutzlast M	Nutzlast pro Pferdekraft kg
1	Personen-wagen .	500	225	3	3000	5500	3—-22	alle	45	1000	13,3	75
2	»	550	300	über 4½	4000	—	3—25	»	55	800	13,3	67
3	Lastwagen	450	250	» 3	3250	—	3—15	bis 15°/₀	55	930	13	83
4	»	1000	750	» 4½	4500	6500	3—15	» 12°/₀	75	1000	6	150
5	»	1500	1500	» 6	6000	8000	3—12	» 12°/₀	100	1000	4	250
6	»	—	3000	» 10	7250	10000	—	—	—	—	—	300
7	»	—	5000	» 15	9000	—	—	—	—	—	—	400

Die erste gibt die Resultate einer im Jahre 1897 vom französischen Automobilklub veranstalteten Probefahrt mit Dampfmotoren wieder. (Die gröfste zu überwindende Steigung betrug 14%; die Strafsenbefestigung war gut; das Pflaster bestand aus grofsen Findlingen, wie sie in der Nähe von Paris vorkommen.) Die beiden anderen Tabellen enthalten Gewicht, Pferde-stärken und Preis von marktgängigen Typen der Motorenfabriken: Benz in Mannheim und Lux'sche Industriewerke in Ludwigshafen.

Zur Tabelle VI ist als allerdings beizufügen, dafs deren Resultate mit mit Rücksicht auf die in Dampfmotorensystemen gerade in letzter Zeit gemachten bedeutenden Fortschritte etwas veraltet sind. Allein sie bestätigen im allgemeinen vollauf die oben gemachten Beobachtungen. Die Prozentverhältnisse der Nutzlast zum Betriebsgewicht bewegen sich in denselben Schwankungen wie dort. Pferdestärken und Bruttogewicht der Dampfwagen sind gleich hoch, während die Geschwindigkeitsziffern hinter den obigen zurückstehen.

Ebenso sind in Tabelle VII die Verhältnisse zwischen Nutzlast und Betriebsgewicht gleich den obigen. Dagegen bietet sich hier ferner beim Vergleiche der einzelnen Marken gegeneinander ein weiteres wichtiges Moment zur Beurteilung deren Rentabilität und Gebrauchsfähigkeit. Vergleichen wir nämlich die einzelnen Sätze von Spalte 9 der Tabelle VII und Spalte 12 der Tabelle VIII, so machen wir die Beobachtung, dafs mit zunehmender Gröfse des Motors das Verhältnis der Pferdestärken zur Leistungsfähigkeit prozentual gröfser wird, m. a. W., dafs die Motoren je stärker an Pferdekraft, desto verhältnismäfsig leistungsfähiger sind. Eine Thatsache, die nach den obigen Beobachtungen bei den Dampfmotoren nicht in dem Mafse zutrifft.

Ein Vergleich der Kosten der verschiedenen Systeme und Typen mufs von dem Grade des jeweils erzielten wirtschaftlichen Nutzeffektes Ausgang nehmen. Jene Beträge sind am wirtschaftlichsten verausgabt, die prozentual die meiste Einnahme bringen. Den besten Mafsstab wird demnach ein Vergleich zwischen Nutzlast und Anschaffungspreis bieten. Auch auf diesem Gebiete finden wir die Explosionsmotoren den Dampfmotoren überlegen. Den besten Kontrast bietet uns die Gegenüberstellung von Type Nr. 2 der Tabelle VI und Nr. 5 der Tabelle VIII; Die Nutzlast beider ist fast gleich, während der Preis der letzteren weniger als $1/3$ des der ersteren beträgt.

Aus dem Vergleiche der Anschaffungspreise der Wagen bei Benzin- und bei elektrischem Betriebe in Tabelle VIII Spalte 5 und 6 läfst sich entnehmen, dafs eine Wagentype, mit einem Elektromotor statt einem Explosionsmotor ausgestattet, sich um ca. 25 % im Preise teurer stellt. Vergleichen wir die Rentabilitätsziffern der einzelnen Explosionsmotoren in Tabelle VII, Spalte 8 und Tabelle VIII, Spalte 11 unter sich, so beobachten wir, dafs je gröfser der Motor ist, desto geringer das Verhältnis der Kosten zur Nutzlast wird, d. h.:

Die Wagen sind je gröfser, desto verhältnismäfsig billiger und, wie wir oben sahen, auch leistungsfähiger.

Besonders sei noch auf Tabelle VIII, Spalte 9 bei Ziffer 4 und 5: den Anschaffungspreis für Lastwagen mit 750 und 1500 kg Nutzlast und deren normale Fahrleistung aufmerksam gemacht. Die hohe Rentabilität des hier investierten Kapitals dürfte ihresgleichen suchen.

Die gemachten Beobachtungen lassen sonach den Explosionsmotor für den Strafsenbetrieb am geeignetsten erscheinen. Nutzeffekt und Fahrleistung desselben sind relativ am höchsten, der Kostenaufwand am geringsten.

Für die Beurteilung der weiteren Frage, inwieweit die einzelnen Gattungen der Explosionsmotoren für den Strafsenbetrieb verwendbar sind, bieten uns die Resultate dreier im vergangenen Jahre in Paris abgehaltenen Konkurrenzen: der Concours der Motocycles, der Concours der Fiaker und Voiturettes und der Concours der leichten Geschäftswagen interessante Daten.

Nachfolgend die Tabellen:

Concours der Motocycles.
Tabelle IX.

	1	2	3	4	5	6	Brutto Tonnenkilometer	
	Marke	Gewicht des Wagens kg	Benzinverbrauch in l	Gesamt-Fahrzeit	km p. h.	Benzinverbrauch p. km l	Benzinverbrauch p. t km l	Kosten p. t-km Pfg. *)
1	Tricycle: Dion-Motor	120	20,579	20ʰ 50′ 30″	38,4	0,0257	0,2142	5,564
2	» Aster-Motor	130	20,89	20ʰ 12′ 55″	39,6	0,0261	0,2000	5,200
3	Quadricycle: »	180	29,76	23ʰ 46′ 04″	33,6	0,0372	0,2066	5,353
4	Tricycle: Dion-Motor	130	24,23	20ʰ 16′ 14″	39,5	0,0303	0,2330	6,058
5	Quadricycle: Renan-M.	218	31,77	19ʰ 16′ 15″	41,6	0,0397	0,1821	4,732
6	Tricycle: J. Lac-Motor	136	37,36	18ʰ 28′ 58″	43,2	0,0467	0,3434	8,918
7	Motocyclette: Werner-Motor	40	23,87	19ʰ 50′	40,3	0,0298	0,7450	19,37

Concours der Fiaker und Voituretten.
Tabelle X.

	1	2	3	4	5	6	7	8
	Marke	Leergewicht des Vehikels kg	Totalstrecke km	Zeit	Benzinverbrauch l	km p. h.	Liter Benzin pro km	Kosten pro km Pf.
1	de Dion-Bouton . . .	350	814,575	33ʰ 14′	66,530	24,400	0,081	2,096
2	» » . . .	350	821,165	30ʰ 11′	65,990	27,200	0,080	2,08
3	» » . . .	365	818,575	37ʰ 13′	72,750	22,100	0,089	2,314
4	Georges Richard . . .	280	814,575	38ʰ 31′	68,550	21,300	0,085	2,210
5	de Dion-Bouton . . .	395	814,575	32ʰ 22′	88,900	25,200	0,109	2,834
6	» » . . .	395	814,575	32ʰ 12′	78,620	25,150	0,096	2,496
7	» » . . .	395	814,575	38ʰ 36′	63,900	21,300	0,078	2,028
8	Peugeot	450	828,875	33ʰ 57′	77,600	24,400	0,094	2,444
9	Aster	260	814,575	32ʰ 41′	48,060	25,100	0,059	1,534
10	»	260	814,575	32ʰ 30′	46,150	25,150	0,057	1,482
11	»	260	820,494	32ʰ 36′	51,180	25,150	0,062	1,612
12	de Dion-Bouton . . .	395	814,575	45ʰ 03′	57,680	18,100	0,071	1,846
13	Sirène	355	817,575	33ʰ 27′	59,340	24,350	0,073	1,898

*) Der Preis des Benzins beträgt zur Zeit 30 M. pro 100 kg und berechnet sich, da beim Engros-Einkauf auf Grund des Nachweises über die Art der Verwendung Zollfreiheit erwirkt werden kann, nach Zollrückvergütung auf ca. 26 M. Benzin hat (cf. Seite 14) ein durchschnittliches specifisches Gewicht von 0,7. Wir glauben daher allen Eventualitäten, wie Preisschwankungen etc., Rechnung zu tragen, wenn wir den Preis des Liters und Kilos Benzin gleichstellen und zu 26 Pf. berechnen.

Concours der leichten Geschäftswagen.

Totalstrecke: 320 km.

Tabelle XI.

	1	2	3	4	5	6	7	8	9
		Benzin-ver-brauch	Gesamt-zeit	Mittler. tägl. Lade-gewicht	km p. h.	Liter Benzin p. km	Kosten des km	Nutztonnen-kilometer	
	Motor							Liter Benzin pro t-km	Kosten pro t-km
		l		kg *)			Pf.		Pf.
1	Peugeot (Benzin) .	40,650	23h 53'	270	13,82	0,127	3,302	0,4704	12,230
2	„ . .	40,630	19h 58'	270	16,53	0,158	3,108	0,585	15,210
3	de Dion-Bouton (B)	34,450	24h 03'	258	13,35	0,108	2,808	0,419	10,894
4	Gaillardet (Benzin)	35,530	34h 12'	100	9,36	0,111	2,886	1,11	28,86
5	Sirène (Benzin) . .	19,550	18h 44'	100	17,08	0,061	1,586	0,61	15,86
6	Elektromobil . . .	—	36h 09'	100	8,85	—	—	—	—
7	de Dion-Bouton (B.)	39,750	19h 23'	120	16,51	0,124	3,224	1 003	26,078
8	Gillet-Forest (Benz.)	42,550	21h 03'	290	15,20	0,133	3,458	0,469	11,934
9	Benz (Benzin) . .	43,080	27h 25'	100	11,67	0,134	3,484	1,34	34,84
10	Elektromot. (Stiker)	—	21h 51'	160	14,64	—	—	—	—
									Durch-schnitt: 19,4 Pf.

Die Stärke des Motocycles scheint demnach in seiner Geschwindigkeit zu bestehen. Die durchschnittlich von demselben erreichte Kilometeranzahl pro h beträgt ungefähr das Doppelte der Fiaker, das dreifache der leichten Lastwagen; dabei ist sein effektiver Durchschnittsverbrauch an Betriebskraft (Liter Benzin pro Kilometer [Tab. IX, Spalte 6]) weniger als die Hälfte des Verbrauches der Fiaker (Tab. X, Spalte 7) und ca. $1/4$ desjenigen der Geschäftswagen (Tab. XI, Spalte 6). Dagegen ist seine Belastungsfähigkeit gering und zieht man neben der reinen Fahrleistung auch den ausgeführten Transport unter Zugrundelegung einer Durchschnittseinheit in Betracht — (leider steht nur das Leergewicht der Vehikel zur Verfügung und ist daher eine Parallele der Zahlen der Spalte 8 der Tabelle IX mit Spalte 9 der Tabelle XI nicht möglich) — so ergibt sich (s. Spalte 8), daſs die Betriebs-kosten mit Abnahme des Gewichtes und der Gröſse des Fahrzeuges un-verhältnismäſsig steigen.

Wo daher weniger der Transport groſser Quantitäten als möglichst rasche Ausführung der Beförderung in Frage kommt, sind die Motocycles gut verwendbar.

Bei Tabelle X ist eine Angabe des Nutzgewichtes nicht erhältlich, so daſs die Rentabilität der Wagen nicht weiter bemessen werden kann. Doch

*) Die Fahrzeuge erhielten ihren Ballast in Sandsäcken à 10 kg, die sie an neun verschiedenen Orten abzuliefern hatten. Bei jeder der Lieferungsstellen wurde Ankunft und Abfahrt auf das Gewissenhafteste notiert. Das in Kolonne 4 notierte Gewicht ist Durchschnitt der täglich transportierten Nutzlast; dieses Gewicht war an den verschiedenen Tagen ein variables.

4

läfst die Tabelle immerhin ersehen, dafs Wagen in der Konstruktion der Chaisen und Omnibusse deren Dienste mit einer Durchschnittsgeschwindigkeit von 18,1—27,2 km pro h besorgten bei einem Kostenaufwande von 1,4—2,8 Pf. pro km; Zahlen, die sich bei einem Vergleiche mit den Kosten des Pferdebetriebes vorteilhaft abheben.

Dankbarer ist Tabelle XI, die uns eine Zusammenstellung der einzelnen Nutzlasten bringt. Vergleichen wir die Gröfsen der Ziffern in Spalte 9,4 und auch 5 unter Gegenüberstellung der Marken 8, 3 und vielleicht 9, so finden wir eine Bestätigung des obigen Satzes, dafs ein Wagen je gröfser desto verhältnismäfsig billiger und dabei leistungsfähiger ist. Bei einer Nutzlast von 290 bezw. 258 kg zeigen die Wagen 8 und 3 einen Kostenaufwand von 11,934 Pf. bezw. 10,894 Pf. pr. Tonnenkilometer bei einer Geschwindigkeit von 15,20 bezw. 13,35 km pro h., während Wagen Nr. 9 mit der geringsten Belastung von 100 kg 34,84 Pf. pro t-km, d. i. mehr als das Dreifache beansprucht und dabei noch eine geringere Geschwindigkeit (11,67 km pro h) entfaltet. Eine Ausnahme von dieser Regel ist allerdings bei Marke Nr. 5 zu konstatieren, die auch in Tabelle X unter Nr. 13 eine Überlegenheit gegenüber den übrigen Wagen zeigt. Das Gesamtresultat der Tabelle XI kann als günstig bezeichnet werden. Bei einer guten Geschwindigkeit fördern die Wagen 2—5 Centner um 1,5—3,4 Pf. pro km. Unter Zugrundlegung eines Gewichtes von 5 kg pro Coli würde eine der kleinen Typen, z. B. Wagen Nr. 4, 20 Packete bei einer Geschwindigkeit von 9,36 km pro h um 2,8 Pf. pro km befördern. Die reinen Beförderungskosten eines 5-Kilopacketes würden für eine Strecke von 100 km demnach 14 Pf. betragen. Wagen Nr. 8 würde unter der gleichen Voraussetzung 58 Packete bei einer Geschwindigkeit von 15,20 km pro h um 3,4 Pf. pro km befördern. Die Transportkosten eines 5-Kilopacketes für eine Strecke von 100 km würden sich demnach auf 5,8 Pf. berechnen. Diese Ziffern sprechen für sich.

Nehmen wir zu diesen betriebstechnischen und finanziellen Vorteilen der Explosionsmotore deren andere Eigenschaften: die Unabhängigkeit von einer Centralstelle, die leichte Beschaffung und Billigkeit des Betriebsstoffes, die Einfachheit der Handhabung des Mechanismus, die geringen Ansprüche derselben an Bedienung und Überwachung, so erweist sich uns das System für den Strafsenbetrieb äufserst brauchbar. Gegenüber diesen Vorzügen machen sich die Nachteile des Explosionsmotors: die notwendig grofse Funktionsgeschwindigkeit desselben und die Übersetzung seiner Konstruktion, da sie die Gebrauchsfähigkeit nicht beeinträchtigen, nicht weiter fühlbar.

Der Explosionsselbstfahrer zeigt sich aber auch den beiden übrigen Systemen überlegen.

Dem Dampfbetriebe haften, trotzdem er auf eine längere Vergangenheit zurückblickt, noch Mängel an, die seine Verwendbarkeit und Rentabilität als Selbstfahrer in Frage stellen. Der hohe Preis der Wagen und des Betriebes bei Petroleumbrennung, die geringen Leistungen im Kleinverkehr, niedrigere Geschwindigkeiten sind Schattenseiten, welche die Verwendung des Systems in vielen Fällen unmöglich erscheinen lassen.

Trotz seiner etwas höheren Betriebskosten und geringeren Leistungen wird mit Rücksicht auf die Eleganz der Fahrt der Elektromotor das Ideal des Automobilismus bleiben. Der prinzipielle Ausschluſs jeglichen Geräusches und Geruches bei der Fahrt, der einfache Übersetzungsmechanismus, die bequeme Leitung desselben sichern ihm die Zukunft. Allein nach dem derzeitigen Stande der Entwicklung kann nicht verkannt werden, daſs sowohl bei Systemen mit Oberleitung infolge deren Gebundenheit an die Trace der Leitung, als beim Accumulatorenbetriebe infolge der Schwerfälligkeit und geringen Kapacität der Accumulatoren, nur ein räumlich beschränktes Wirkungsgebiet in Frage kommen kann, daſs der Elektromotor lediglich für den Nahverkehr der Städte mit elektrischer Centrale in Verwendung zu nehmen ist. Hoffen wir, daſs entweder durch Verbreitung der elektrischen Kraftanlagen über das ganze Land oder durch Ersatz der Accumulatoren-masse der auf dem elektrischen Betriebe lastende Bann gebrochen und das Feld für seinen Siegeslauf durch das Land erschlossen werde.

Blicken wir nach diesen Zukunftshoffnungen auf die reale Wirklichkeit mit ihrem Pferdebetrieb zurück und sehen wir, wie selbst das beste Pferd einem schnellfahrenden Motorvehikel nur wenige Minuten folgen könnte, wie es mit einer verhältnismäſsig geringen Tagesleistung bereits gebrauchs-unfähig wird, Unterhalt und Pflege aber trotzdem erfordert, so lernen wir die Vorzüge des Motors würdigen.

Rasch, elastisch und geräuschlos gleitet er an uns vorüber; kein Terrain, keine Jahreszeit bietet ihm Halt. Dabei fährt es sich in den gummibereiften, gut gefederten Wagen angenehm dahin: der Comfort der Fahrt entspricht dem modernen Bedürfnisse.

So scheint der Automobilismus berufen, wieder Leben auf die seit Dezennien verlassene Landstraſse zu bringen zum Genuſs der Fahrenden und zum Wohle der berührten Plätze.

Der Ausblick in die Zukunft ist sonach für ihn günstig: das Zeug zu dessen Realisierung hat er.

IV. Verwertung der Selbstfahrer im öffentlichen Verkehre.

1. Stellung des Selbstfahrers im heutigen Verkehre.

Triebfeder und Angelpunkt des gesamten Wirtschaftslebens ist das Bedürfnis. Jene Verkehrseinrichtung ist daher am wirtschaftlichsten, welche dem jeweiligen Verkehrsbedürfnisse am geeignetsten zu dienen im stande ist; m. a. W. die Zweckmäfsigkeit einer Verkehrseinrichtung beurteilt sich nach deren Anpassungsfähigkeit an das vorhandene Verkehrsbedürfnis.

Sowohl das über die Ziele des Bedürfnisses hinausgehende, als das den Anforderungen desselben nicht gewachsene Verkehrsmittel sind unwirtschaftlich zu nennen. Das Zuviel, wie das Zuwenig ist von Übel.

Wie die Saugwurzeln eines Baumes der Beschaffenheit des Bodens, so müssen die Verkehrsmittel als Saugadern des Erwerbslebens dessen Bedürfnissen entsprechend sein.

Besehen wir uns von diesem Gesichtspunkte unsere Verkehrsmittel des offenen Landes, die Lokalbahnen und Pferdeomnibuslinien.

Die Natur des Dampfbetriebes auf Schienen setzt dessen räumlicher Ausdehnung eine ganz bestimmte Grenze, über die hinaus er den Spuren des ländlichen Verkehrs nicht mehr zu folgen im stande ist, ohne seine Rentabilität aufzugeben.

Die durch den Schienenbetrieb bedingte Gröfse des zu investierenden Anlagekapitals, die Notwendigkeit kostspieligen Grunderwerbes, solider und wetterbeständiger Geleisbettung, dauerhaften Oberbaues, umfangreicher Bahnhofanlagen; ferner die Kosten des Betriebs: schwerer, für den Massenverkehr konstruierter Maschinen und zahlreichen Fahrmaterials erfordern ein bestimmtes Einnahmeminimum und damit eine gewisse Verkehrsintensität, die im gröfsten Teile unserer ländlichen Bezirke nicht vorhanden ist.

Während so technische und finanzielle Gründe die Ausdehnung des Schienennetzes in verkehrsärmere Gegenden verbieten, entbehrt ein beträchtlicher Prozentsatz derjenigen Landesteile, auf deren Erschliefsung zur Hebung ihrer ungünstigen wirtschaftlichen Verhältnisse ganz besonders Wert zu legen ist, d. i. gerade die ärmeren Gegenden, welche auf dieses Hilfsmittel besonders angewiesen wären, eines Verkehrsanschlusses.

Die bisherige Fortsetzung der Lokalbahnen, die Pferdeomnibuslinien sind zu unvollkommen und kostspielig. Die Haltung von Pferden auch in kleineren Städten wird immer teurer und schwieriger, während die Leistungen der Pferde, sowohl was Geschwindigkeit als Ausdauer betrifft, doch recht beschränkte sind. Ein Pferd kann auf längere Strecken kaum mehr als 10—12 km p. h. zurücklegen und ist bei einer täglichen Leistung von etwa 30 km erschöpft, also für längere Fahrdauer ohne Ruhetage nicht zu gebrauchen. Die Beförderung ist zu langsam und zu teuer, Gütertransport über eine gewisse Menge ausgeschlossen, die Fahrgelegenheit äufserst selten: Nachteile, die sich bei der stetigen

Zunahme der durch die gesamte Kulturentwicklung allseitig gesteigerten Verkehrsbedürfnisse der Landbevölkerung immer mehr fühlbar machen.

Dort also ein Zuviel, hier ein Zuwenig gegenüber den Anforderungen des Verkehrsbedürfnisses.

Dagegen erscheint der Selbstfahrer für diesen eigenartig gestalteten Verkehr geeignet:

Infolge seiner geringen Dimensionen ist bereits eine kleine Anzahl von Fahrgästen zu seiner vollen Besetzung und wirtschaftlichen Ausnutzung genügend, der Betrieb bereits bei geringem Verkehr rentabel. Er ermöglicht daher, den letzten Spuren des Verkehrs in die entlegensten Gegenden zu folgen und den Umsatz auch der kleinsten Orte aufzunehmen. Andererseits besitzt derselbe eine Elastizität, die sich gerade hier außerordentlich vorteilhaft erweist: Da jeder Wagen seine eigene Triebkraft bei sich führt und die jeweils zur Bewältigung des Verkehrs erforderliche Gesamtbetriebskraft sich aus einer Anzahl mehrerer selbständig nebeneinander bestehenden Einzelbeträge zusammensetzt, kann die Größe der jeweils erforderlichen Energiemenge dem sich wechselnden Bedarfe ohne Verluste sofort angepaßt werden. Verkehrsschwankungen sind daher ohne Schwierigkeit zu bewältigen. Gleichmäßig zu größerem wie zu kleinstem Transport befähigt, ist der Selbstfahrer so jedem Grade des in Betracht kommenden Verkehrs- bedürfnisses in wirtschaftlicher Weise zu entsprechen im stande.

Während die Leistungsfähigkeit des Pferdes gering ist und eintretende Ermüdung desselben längere Ruhepausen notwendig macht, ist der Selbstfahrer an sich beliebig lange täglich verwendbar, Verminderung der Leistungsfähigkeit desselben durch den Betrieb ausgeschlossen und auch nach beliebig vielen Fahrten binnen kurzem neuerliche Fahrbereitschaft desselben zu ermöglichen: Vermehrung der täglichen Kurse eines Wagens oder Ausdehnung seiner Fahrstrecke daher leicht durchführbar.

Der dem Selbstfahrer durch das Verkehrsbedürfnis zugewiesene Platz ist demnach zwischen der Lokalbahn und dem Straßenfuhrwerk; ein Verkehr, der für die Lokalbahnen zu gering und für den Pferdeomnibus zu groß ist, verlangt den Selbstfahrer.

Er bietet so das Mittel, einen der tiefstgreifenden Unterschiede zwischen Stadt und Land, den der Verkehrsgelegenheiten, durch Anschluß des letzteren an die Intensität des Gesamtverkehrs thunlichst auszugleichen und damit die Basis zu einer umfassenden Hebung und Verbesserung der ländlichen Kulturverhältnisse zu schaffen. Die nun den Postomnibussen zufallenden, von diesen aber infolge der Natur ihres Betriebes nicht mehr zu bewältigenden Aufgaben werden von ihm in entsprechender Weise gelöst; er ist daher auch berufen, deren Stelle einzunehmen und so den bereits auf den Aussterbeetat gesetzten Postreiseverkehr, der ja der Post den Namen gegeben (statio posita der cursus publici des römischen Weltreiches), wieder in Ehren zu bringen. An Stelle der Pferdeposten treten »Motorposten«. Zur Bezeichnung »Motorpost« sei bemerkt, daß, nachdem das Wort Post den Begriff der Fortbewegung, Fahrgelegenheit, Fahrt bereits enthält, jede Verbindung des Wortes »Selbstfahrer« mit »Post« eine Tautonomie ergeben würde; es genügt daher zur Deckung des Gesamtbegriffes ein die Betriebskraft andeutender Zusatz. Da bei jedem System der Motor Betriebskraft ist, dürfte daher die allgemeine Bezeichnung »Motorpost«, abgesehen von der Kürze des Wortes, den Vorzug verdienen.

Wenn auch der Selbstfahrerbetrieb auf Schienen aufserhalb der Aufgabe der Motorposten gelegen ist, so ist es doch notwendig, denselben hier zu behandeln.

Während Motorposten bis heute nirgends bestehen, sind bereits eine Reihe von Schienenselbstfahrern im Betriebe. Der einzige Unterschied derselben gegenüber den Motorposten beruht im Schienenwege und der geringen Reibungsfläche, während Betriebskraft und Konstruktion der einzelnen Motorsysteme die gleichen sind. Die hier über die zu wählenden und teilweise gewählten Betriebsarten gemachten Erfahrungen sind interessant, und nur die Erfahrung kann Aufschlufs über die zweckmäfsigste Betriebsweise geben. Auch ist die wirtschaftliche Grundlage der Schienenselbstfahrer und Motorposten, das Verkehrsbedürfnis gleich, die Betriebseinrichtung beider mufs daher von den gleichen Grundsätzen geleitet sein, wenn ein zweckentsprechender, harmonischer Zusammenschlufs des Nahverkehrs erzielt werden soll. Die Frage, welches der beiden Systeme im einzelnen Falle in Verwendung zu kommen habe, ist nicht prinzipieller Natur, sondern lediglich nach der Gröfse der vorhandenen Verkehrsintensität zu beantworten. Im Zweifel wird vorerst die Motorpost in Aktion treten und das Verkehrsgebiet auf seine Bedürfnisse durchforschen.

Aus der Frequenz der Motorposten läfst sich mit zahlenmäfsiger Genauigkeit bestimmen, wann sich für eine Gegend die Anlage einer Eisenbahn als notwendig erweist.

So leistet die Motorpost der Gesamtheit einen äufserst wertvollen Dienst. Sie wird der Pionier des modernen Verkehrs, der ertragsärmere Gegenden dem Gesamtverkehr und dessen Vorteilen erschliefst und dem Schienenbetrieb Bahn bricht.

2. Bestehende Selbstfahrerlinien und deren Resultate.

Der umfangreichsten Verwendung von Schienenselbstfahrern begegnen wir in Italien. Es bestehen:

1. Die Linie Mailand—Monza: Ein Teil der grofsen Weltlinie Mailand—St. Gotthard. Sie durchzieht eine sehr bevölkerte Gegend. Zwischen beiden Orten ist ein überaus reger Verkehr, dem eine grofse Zahl schnell fahrender Nahezüge genügen mufs. Da die Steigung des Terrains günstig ist und die Entfernung blofs 13 km beträgt, wählte man Accumulatorbetrieb. Derselbe wurde eingeführt am 8. Februar 1899. Täglich verkehren in jeder Richtung 11 Elektromotorzüge, während die früheren Lokalbahnzüge ohne Einschränkung fortverkehren. Der 18,5 m lange Wagen ruht auf 2 Drehgestellen und fafst 88 Personen. Die beiden äufsersten Achsen werden durch Elektromotoren getrieben. Die Accumulatoren sind zwischen dem Drehgestell unter dem Wagen angebracht, sie fassen 130 Elemente mit je 105 kg Gewicht. Mit einer Füllung läuft der Wagen bei mittlerer Geschwindigkeit von 40 km p. h. 50 km, d. i. zweimal zwischen Mailand und Monza. Die

2 Motoren sind vierpolig. Jeder hat eine Stärke von 50 PS. Der Wagen wiegt leer 58 t, besetzt 65—66 t. Der Strom wird einer elektrischen Anlage der Stadt Mailand entnommen und von 3600 Volt auf 300—350 Volt trans-formiert. Die Ladung erfordert beiläufig $1^1/_2{}^h$ und vollzieht sich ohne Ausschaltung der Accumulatoren auf dem Wagen. Nach den im Betrieb gewonnenen Erfahrungen wechselt auf der Fahrt von Mailand nach Monza der mittlere Entladungsstrom zwischen 280 und 300 Ampère bei 220—230 Volt. Der mittlere Kraftverbrauch beträgt sonach 65 Kilowatt, wobei der Wagen auf etwa 2 km Länge ohne Strom läuft.

Auf der Rückfahrt liegt die Stärke des Entladungsstromes zwischen 230 und 250 Ampère bei 220—240 Volt (= Kraftverbrauch von 55 Kilo-Watt), wobei der Strom auf ca. 7 km Länge abgesperrt wird und der Wagen durch die erworbene Geschwindigkeit allein seinen Lauf fortsetzt.

Der Gesamtverbrauch von elektrischer Kraft beträgt sonach bei 40 km Fahrgeschwindigkeit p. h. für die Hin- und Rückfahrt auf die 13 km lange Strecke und bei einem Wagengewicht von 58 t

$$\frac{\left(\dfrac{55{,}000 \times 65{,}000}{2}\right)}{40 \times 2 \times 13 \times 58} = 26 \text{ Wattstunden pro Tonnenkilometer.}$$

Das Zugpersonal besteht aus einem Wagenführer und einem Schaffner, der mit der Führung des Wagens ebenso vertraut sein muß. Die Fahr-preise sind gegenüber den für Dampfzüge gültigen um 50% vermindert. Die Gesellschaft ist nicht verpflichtet, alle Reisenden, die zu den elektrischen Zügen sich einfinden, zu befördern, zurückbleibende haben kein Recht zur Beschwerde. Es ist ein Strafsenbahnbetrieb im vollständigen Sinn des Wortes.

2. Die Strecke Mailand-Laveno mit Abzweigung nach Arona und Varese mit einer Länge von 116 km. Die dreiphasigen Ströme werden von 13000 Volt mittels einer längs der Bahn laufenden Luftleitung 6 Trans-formationsstationen zugeführt, welche die Wechselströme in Gleichströme von 500—800 Volt umwandeln. Der Strom wird den Wagenmotoren durch eine dritte Schiene zugeleitet, die Rückleitung erfolgt in den Schienen-strang des Geleises.

3. Die Linie Bologna—San Felice: eine 42 km lange Strecke. Mit Rücksicht auf günstige Steigungsverhältnisse — die größte Steigung beträgt nur 5,6%00 — sind Accumulatorenwagen im Verkehre. Es gehen täglich 5, an Markttagen 6 Züge in jeder Richtung. Ein täglich einmal verkehrender Güterzug wird mit Dampflokomotive befördert. Der Wagen ist 18 m lang, wird von einem vierräderigen Drehgestelle getragen, faßt 58 Personen, wiegt leer 33 t, besetzt 38 t, wovon 13 t auf Batterie und Motoren entfallen. Die Accumulatorenbatterie besteht aus 280 Elementen, die ihren Platz unter dem Wagen zwischen den Drehgestellen haben. Die Kapazität der Motoren beträgt: 180 Ampèrestunden bei 500 Volt. Mit einer Ladung läuft der Wagen hin und zurück bei einer mittleren Fahrgeschwindigkeit von 37 km. Die Ladung dauert $2^1/_2{}^h$. Die dreiphasigen Ströme werden in Gleichstrom umgewandelt von 510 Volt und den Wagen mittels bieg-samer Hebel zugeführt.

4. Die Linie Lecco—Colico—Sondrio mit Abzweigung nach Chia-venna. Sie zeigt eine Reihe ganz besonderer Eigentümlichkeiten, die noch bei keinem Betriebe zur Anwendung gelangt sind. Die Strecke ist 116 km lang. Den elektrischen Strom liefert eine Wassermotorenanlage an der Adda mit 3000—6000 PS. Die dreiphasigen Ströme von 15 000 Volt werden in Luftleitungen 10 Transformatoren, die längs der Bahn aufgestellt sind, zu-geleitet, um hier in gleichfalls dreiphasige Ströme von 3000 Volt umgewan-delt zu werden. Diese letzteren Ströme führen 2 Leitungsdrähte und die Schienenstränge des Geleises den Motorwagen zu. Die Leitungsdrähte befinden sich über dem Geleise in einer Höhe von 6 m. Die Stromentnahme vermitteln zwei für diesen Zweck angeordnete Rollenarme.

Es geschieht das erste Mal, dafs eine Spannung von 3000 Volt für den dreiphasigen Betriebsstrom zur Verwendung kommt, und es bleibt immerhin fraglich, ob es möglich sein wird, allen Unfällen sicher vorzu-beugen und die Weichen und Kreuzungen zweckentsprechend zu konstruieren.

Alle Bahnhöfe sind mit einer neuen Blockeinrichtung nach System Bianchi-Servettaz und dem Stabsysteme Wepp-Thompson ausgerüstet. Der Strom ist in jedem Bahnhofe zwischen den Deckungssignalen von dem Strome der freien Strecke isoliert. Die Apparate Bianchi-Servettaz und die Unterbrecher sind derart angeordnet, dafs man den Strom den Strecken-leitungen nicht zusenden kann, bevor nicht der betreffende Stab gezogen und die Signale und Weichen die richtige Stellung einnehmen. Wenn also z. B. ein Signal auf Halt steht, so ist der Strom im Leitungsdraht unter-brochen, der Zug wird vor dem Signale aufgehalten und kann dasselbe nicht überfahren. Bei der Abfahrt bleibt der Motorwagen ebenfalls so lange ohne Strom, bis der Stab gezogen ist, und dies kann nur geschehen, wenn die betreffende Fahrstrafse frei und vollkommen gesichert ist. Jeder Motor-wagen trägt ein selbstthätiges elektrisches Relais, das durch den Linienstrom bethätigt wird und beim Mangel eines solchen auf die Westinghouse-Bremse einwirkt.

Die Motorwagen werden von 2 vierräderigen Drehgestellen getragen; jede Achse wird von einem dreiphasigen Strome ohne Geschwindigkeits-änderungen betrieben. 2 Motoren empfangen den Strom von 3000 Volt und sind während der ganzen Fahrt in Thätigkeit, die beiden anderen Motoren sind eine Art Hilfsmotoren, welche nur in den stark ansteigenden Strecken in Wirksamkeit zu treten haben; sie wirken mit Hilfe des dreiphasigen In-duktionsstromes, welchen der Hauptmotor erzeugt. Auf solche Weise wird die Geschwindigkeit auf die Hälfte vermindert und der Verlust an Nutz-wirkung, der sonst bei beträchtlichen Verringerungen der Fahrgeschwindig-keit unvermeidlich ist, nahezu aufgehoben. Die Personenzüge verkehren mit 60 km, die Güterzüge mit 30 km Geschwindigkeit p. h. Auf den Steigungen von mehr als 10 $^0/_{00}$ laufen die Züge mit 30 bezw. 15 km Ge-schwindigkeit. Die Motoren sind auch für eine Fahrgeschwindigkeit von 80 und 40 km p. h. eingerichtet. Auch die Güterzüge werden elektrisch be-trieben. Die Personenzüge bestehen aus Motoren und Anhängewagen und wiegen 65 t; die Güterzüge von 200 t gröfstem Gewicht treibt eine elektrische Lokomotive. In jeder Richtung verkehren täglich 10 Personenzüge. Das

Betriebsmaterial besteht aus 5 Luxusmotorwagen, 5 Wagen 2. und 3. Klasse und 2 elektrischen Lokomotiven.

Selbstfahrer auf Schienen sind ferner von den belgischen Staatsbahnen in Betrieb genommen. Sie sind dort bestimmt, an Stelle der Omnibuszüge zu treten, die ausschliefslich den Personenverkehr besorgen. 5 Wagen dieser Art sind gegenwärtig im Betriebe. Der Wagen ruht auf 2 Drehgestellen mit 4 Rädern; der Wagenkasten ist 16 m lang, hat an jedem Ende eine Abteilung für den Wagenführer und den Raum für den Accumulator, weiter eine Abteilung mit 30 Sitzen für 2. und 36 Sitzen für 3. Klasse, auf der Plattform 12 Stehplätze. Das Gewicht eines Wagens beträgt 46 t, wovon 12 t auf die Accumulatoren, 9,5 t auf die Motoren entfallen. Es sind 2 Motoren vorhanden, die konzentrisch und federnd auf den inneren Achsen der Drehgestelle angebracht sind und eine Arbeit von

$$\frac{500 \text{ Volt} \times 150 \text{ Ampère}}{100} = 75 \text{ Kilowatt liefern.}$$

Die Accumulatoren, deren Zahl 264 beträgt, bestehen aus Zellen zu 7 Platten von 300×400 qmm Fläche. Die positiven Platten sind 8 mm stark und nach System Planté ausgeführt. Sie haben befriedigende Ergebnisse geliefert. Die negativen Platten sind 4 mm stark. Die Kapazität für 1 kg Plattengewicht kann 9 Ampèrestunden erreichen und beträgt im Mittel 5—6 Ampèrestunden. Beim Anfahren ist die Stärke des Stromes 180 Ampère bei 520 Volt, auf ebener Bahn bei geringer Geschwindigkeit 50 bis 60 Ampère bei 500 Volt. Die Batterie gestattet 100—150 km mit Aufenthalten nach je 5 Minuten bei einer Geschwindigkeit von 30 km p. h. auf Strecken unter günstigen Steigungs- und Krümmungsverhältnissen zurückzulegen. Die mittlere Ladezeit ist 6—8 h bei 40—70 Ampère Ladestromstärke.

In Amerika sind Selbstfahrer mit Elektromotorbetrieb auf nachfolgenden Strecken im Betriebe:

1. auf dem Netz der Baltimore-Ohio-Gesellschaft für eine Strecke von 5850 m Länge bei Baltimore,

2. auf einigen Anschlufsbahnen für Häfen und Fabriken in Hoboken, Whitingsville und Newhaven,

3. auf den Linien Boston—Nantaskat (17 km), Hartford—Berlin und Berlin—New Britain (20 km), auf der westlichen Hochbahn in Chicago (29 km) und der Lake Street-Hochbahn daselbst (12,5 km), ferner auf den Linien Washington—Mount Vernon (30 km), Philadelphia—Mount Holly (14,5 km), Norfolk—Ocean Niew in Virginien (15 km) und einer kleinen Zweigbahn in Kalifornien (5 km). Nähere Angaben fehlen.

In Rufsland sind Dampfselbstfahrer auf der Nikolai-Eisenbahn von St. Petersburg nach Neuhafen in Verwendung. Die Strecke ist 32 km lang. Die Wagen fassen 80 Personen, sind 3,1 m breit, 16,7 m lang und haben 2 Stockwerke. Unten sind Abteilungen 1. und 2. Klasse, und Gepäckraum, oben ist 3. Klasse. Die Motorlokomotive hat 312 kg Zugkraft, enthält wagrechte Röhrenkessel, 72 Röhren und 11 qm Heizfläche. Der Brennstoffverbrauch beträgt: 3,3 kg Naphtha oder 3,6 kg Kohlen pro km. Die Lokomotive wiegt ohne Wasser und Brennstoff 7,88 t, der ganze Wagen 21 t; die gröfste Fahrgeschwindigkeit beträgt 22 km p. h., die mittlere 17 km.

Der Wagen kostet 80000 fr.; die Betriebskosten pro Wagenkilometer berechnen sich auf 4 fr.

Die französische Nordbahn benutzt Selbstfahrer mit Dampf- und elektrischem Betriebe. Dieselben sind ausschliefslich zur Beförderung von Postsendungen bestimmt. Sollte sich das Bedürfnis ergeben, auch Reisende zu befördern, obwohl wegen der für Personenverkehr ungünstigen Fahrordnung dies nicht zu erwarten ist, so werden den Motorwagen Anhängewagen beigegeben, die gegebenenfalls auch zur Güterbeförderung dienen können. Der 2 achsige Dampfwagen nach System Serpollet mit einem Motor wiegt im Betriebe 15 t. Seine Zugkraft beträgt 1700 kg. Während die Vorzüge des Serpollet-Wagens: die grofse Sicherheit und schnelle Dampferzeugung, die bedeutende Anpassungsfähigkeit an die verschiedenen Krafterfordernisse, die überaus einfache Wartung sehr angenehm empfunden werden, trägt man sich doch wegen der ziemlich kostspieligen Erhaltungsarbeiten mit dem Gedanken, das System Serpollet durch einen anderen Kessel zu ersetzen.

Der elektrische Wagen ist ebenfalls 2 achsig und wiegt dienstbereit 20 t. Den Strom liefert eine Accumulatorenbatterie, die zum Teil in einem Kasten unter dem Wagen zwischen den Achsen, zum Teil in 2 Behältern auf dem Wagendache links und rechts vom Führer angebracht ist. Jede Achse wird von einem 4 poligen Motor bewegt. Die Accumulatorenbatterie besteht aus 132 Elementen zu 25 Platten von 122×250 qmm Fläche mit einer Kapazität von 190 Ampère bei 250 Volt. Die ganze Batterie wiegt 5,8 t. Die Fahrgeschwindigkeit beträgt 50 km p. h. auf ebener Bahn. Hierbei ist ein Widerstand auf gerader, wagerechter Bahn von 10 kg p. t. angenommen und eine gleichförmige Steigung von 4 % vorausgesetzt. Unter diesen Bedingungen beträgt die Zugkraft 280 kg und die zu entwickelnde Nutzarbeit 4080 kg p. m. Daraus ergibt sich ein elektrischer Kraftverbrauch von 47000 Watt. Mit einer Füllung der Batterie können bei 12 Aufenthalten und ebensovielen Anfahrten 120 km zurückgelegt werden.

In Österreich wird die Strecke Nasle—Köngsaail (Böhmen) mit Elektromotoren betrieben. Die Strecke hat besonders lebhaften Personenverkehr. Der Wagen hat vollbesetzt ein Gewicht von 14,5 t. Die Strecke ist 15,7 km lang.

In Deutschland verkehren Selbstfahrer mit Elektromotoren auf den Strecken: Stuttgart—Plochingen, Ludwigshafen—Neustadt und Ludwigshafen—Worms.

Die vorhandenen Angaben über die Betriebsergebnisse der österreichischen und deutschen Selbstfahrerbahnen ermöglichen uns gleichzeitig einen Kostenvergleich der Betriebe. Die Resultate sind:

	1	2	3	4
	Strecke	Zuggewicht t	Mittl. Geschwindigkeit km p. h.	Stromverbrauch in Wattstunden p. t-km
1	Stuttgart—Plochingen	28,75	30,9	19,95
2	{ Ludwigshafen-Neustadt . . . . . } { Ludwigshafen—Worms . . . . . }	40,00	40,0	18,00
3	Nasle—Königsaal	12,6	29,2	34,00

Wir sahen oben, dafs die Kraft, welche die Stromerzeugungsstelle liefern mufs, von der Nutzwirkung der Accumulatorenbatterie abhängig ist. Nehmen wir diese mit 0,75 an (man wird bei günstiger Anordnung auch mit 0,80 rechnen können), so stellt sich die von der Centralstelle zu beziehende Elektricitätsmenge bei Strecke 1 auf rund 27, bei Strecke 2 auf rund 24, bei Strecke 3 auf rund 45 Wattstunden für den Tonnenkilometer. Der Wert von 24 Wattstunden — für die wagerechte und gerade Linie Ludwigshafen-Neustadt und -Worms — dürfte sonach als unterste Grenze für den Kraftverbrauch zu betrachten sein, während mittleren Verhältnissen (Lokalbahnen mit Steigungen zu 10—20 $^0/_{00}$ und ungünstigen Krümmungsverhältnissen) ein Verbrauch von 30—40 Wattstunden pro Tonnenkilometer entsprechen wird. Unter Zugrundelegung des derzeitigen Preises pro Kilowattstunde zu 20 Pf. berechnen sich demnach die Kosten des BruttoTonnenkilometers bei Strecke 1 auf 0,54 Pf., bei Strecke 2 auf 0,48 Pf., bei Strecke 3 auf 0,9 Pfg.

Vergleichen wir dazu den durchschnittlichen Kraftverbrauch des Elektromotors auf Strafsen (derselbe wird sich auf ca. 60 Wattstunden pro Tonnenkilometer berechnen*), so ergibt sich als Preis des Tonnenkilometers des elektrischen Strafsenselbstfahrers der Betrag von 1,2 Pf., d. i. ungefähr das Doppelte des Durchschnittsbetrages des Schienenbetriebes.

Zu bemerken ist, dafs beiden Berechnungen die Bruttolast zu Grunde gelegt ist.

Von der Württembergischen Staatsbahnverwaltung wurden gleichzeitig auch Explosions- und Dampfmotoren in Probe und Betrieb genommen. Über deren Betriebsergebnisse ist vom Präsidenten v. Balz der Abgeordnetenkammer nachfolgendes Referat erstattet worden:

»Der Daimler- und auch der Serpollet-Wagen haben ganz befriedigt. Allerdings verursacht letzterer erhebliche Unterhaltungskosten; aber selbst wenn man diese einrechnet, ist der Gesammtaufwand nicht viel höher als beim Daimler-Wagen, weil der Betriebsaufwand aufserordentlich gering ist. Es betrug der Betriebsaufwand für das Nutzkilometer im Jahre 1897 beim Daimler-Motor 21,16 Pf., beim Serpollet-Wagen 23 Pf. — 1898 beim Daimler-Motor 18,30 Pf., beim Serpollet-Wagen 21,21 Pf. Dabei ist die Leistungsfähigkeit des Dampfwagens um 50 $^0/_0$ gröfser als die des Daimler-Wagens; folglich ist das Resultat durchaus günstig. An den ursprünglich beschafften Wagen mufsten allerdings eine gröfsere Anzahl Verbesserungen vorgenommen werden; dieselben haben sich aber bewährt. Zieht man die Ersparnis gegenüber einer Lokalbahn in Betracht, so amortisierten sich diese Wagen in zwei Jahren. Das ist ein sehr günstiges Ergebnis. Es bleibt immer noch ein Versuch, aber ein sehr interessanter und wichtiger.«

Gleichzeitig äufsert sich von Balz über die Elektromotoren: »Dagegen ist der Accumulatoren-Wagen ein ziemlich teueres Fahrzeug, abgesehen von der Schwierigkeit der Unterhaltung. Die kleinen Lokomotiven aus der

---

*) Nach den bisher gemachten Beobachtungen erfordert der Tonnenkilometer auf ebener Strecke bei leichten Fahrzeugen mit Stahlreifen bis zu 1 t Gewicht ca. 50 Wattstunden, bei schweren Fahrzeugen mit Stahlreifen bis zu 3 t Gewicht ca. 60 und bei schwersten Fahrzeugen bis zu 10 t ca. 65—70 Wattstunden.

Maschinenfabrik Heilbronn haben sehr günstige Erfahrungen geliefert. Sie erfordern einen Betriebsaufwand von 20 Pf. für das Nutzkilometer.«

Nach der Statistik des Vereins deutscher Eisenbahnverwaltungen berechnen sich die reinen Betriebskosten auf nicht ganz ein Drittel der Gesamtkosten des Nutzkilometers. Nehmen wir daher, (behufs Ermöglichung einer Parallele mit den oben ermittelten Betriebskosten pro Nutztonnen-kilometer der Strafsenselbstfahrer mit Benzinbetrieb), von dem Gesamtkosten-betrage des Nutzkilometers beim Daimler-Motor pro 1898 zu 18,30 Pf. den dritten Teil zu 6,1 Pf., so ergibt eine Gegenüberstellung mit den in Tabelle XI ermittelten Durchschnittskosten des Nutzkilometers der leichten Geschäfts-wagen zu 19,4 Pf., dafs der reine Betriebsaufwand — Nettoaufwand — des Schienenbetriebes zum schienenlosen Betriebe beim Explosionsmotor im Verhältnisse von 1 zu 3 steht.

Eine Parallele der gegenseitigen Gesamtkosten kann erst unten gezogen werden.

Über die Anordnung des Betriebes begegnen wir bei sämtlichen Schienen-Selbstfahrern ausnahmslos den gleichen kennzeichnenden Merkmalen: kurze Gesamtstrecken, Betrieb mit einzelnen Motorwagen oder Anhängwagen in ge-ringer Zahl, zahlreiche Haltepunkte, dichte Zugfolge, mäfsige Geschwindigkeit.

Im Hinblick auf die Gleichheit des Verkehrsbedürfnisses folgt daraus für die Motorposten, dafs für dieselben sich eine möglichst gleichartige Betriebsweise empfehlen dürfte.

Selbstfahrer auf Strafsen verkehren zur Zeit: in Frankreich im Departement Calvados von Condé über Vassy nach Vire (27 km); im Marsdepartement zwischen St. Germain en Laye und Ecqueville, von St. Germain nach Sartronville, von Bordeaux nach Langon, nach Belin, nach La Teste und Arcachon, nach Arès. Auch in Nizza sind verschiedene Selbstfahrerlinien ins Leben gerufen. In den französischen Besitzungen in Afrika besteht eine Selbstfahrerlinie zwischen Oran und Montaganam, auf Madagaskar zwischen Antanarivo und dem Hafen Tamatave.

Auch in England wird die Wiedereinführung der Selbstfahrer im schienenlosen Betriebe neuerdings von mehreren grofsen Gesellschaften betrieben.

In Österreich wurden im vergangenen Jahre Selbstfahrer in Betrieb gesetzt von der österr.-ungarischen Automobilbetriebsgesellschaft A. Her-mann & Co. in Wien zwischen Meran und Trafoi; von der Tiroler Auto-mobilgesellschaft in Innsbruck: zwischen Innsbruck und Wilten auf der Brennerstrafse bis Schönberg und von Reute über den Fernpafs nach Imst; im Pusterthal zwischen Toblach und Cortina.

In Bayern besteht z. Z. Strafsen-Selbstfahrerbetrieb in Speyer. Die »Speyerer Motorwagengesellschaft«, eine Vereinigung gröfstenteils Speyerer Bürger, unterhält seit 10. Dezember 1899 regelmäfsige Fahrten mit Motor-wagen auf folgenden Strecken:

Speyer-Otterstadt-Waldsee: 11 km,
Speyer-Dudenhofen-Harthausen: 8 km,
Speyer-Dudenhofen-Hanhofen-Geinsheim: 14 km,
Speyer-Berghausen-Mechtersheim: 7 km.

Im Betriebe stehen 4 zehnpferdige Daimler-Wagen, je 24—35 Personen fassend, ein Wagen befindet sich in Reserve. Das Gewicht des einzelnen Wagens beträgt 80 Ctr. Die Wagen ähneln im Äufsern den elektrischen Strafsenbahnwagen und haben wie diese ein Vorder- und Hinterperron. Die Länge des Wagens beträgt 5,6 m, die Höhe vom Boden gerechnet 2,8 m, die Breite 1,8 m. Der Wagenkasten allein ist 3,5 m lang und 1,9 m hoch. Die Maximalgeschwindigkeit beträgt 14 km pr. h. Die Wagen dienen gleichzeitig zur Postbeförderung. Zur Unterbringung der Postsachen dienen ein mit Blech ausgeschlagenes und mit doppeltem Verschlusse versehenes Gelafs auf der linken Wagenseite unter dem Führersitze und ein durch eine wasserdichte Decke geschützter Deckladeraum.

Der Gang des Betriebes war bisher ein geregelter. Die Wagen haben im vergangenen Winter bei Schnee und Eis regelmäfsig fortverkehrt. Ein einziges Mal (am 15. Februar 1900) kam es vor, dafs infolge sehr starken Schneefalles der Betrieb vormittags eingestellt werden mufste. Die Gesellschaft benutzt für den Winterbetrieb besonders konstruierte Radreifen, die mit starken Naben beschlagen sind, und so eine gröfsere Reibung auf glatter, gefrorener Fläche besitzen. Die Einrichtung bewährt sich.

Dafs die Linien einem Verkehrsbedürfnisse entsprechen, beweist ihre Frequenz gegenüber der Inanspruchnahme der früher auf den Strecken verkehrenden Postomnibusse.

Als störend erweist sich der zu grofse Umfang und das zu starke Gewicht der Wagen; die Wagen sind zu schwerfällig. Bei schlechtem Wetter und weichen Strafsen sinken sie tiefer ein und arbeiten sich daher schwerer als andere Wagen. Infolge ihres Gewichtes müssen sie auf Gummireifen verzichten, die durch den Druck zu rasch abgenutzt würden. Die Folge ist, dafs bei der Bewegung dieser Last auf den Strafsen die Erschütterungen des Wagens sehr grofs sind. Während die Motoren wegen des starken Wagengewichtes an sich schon viel massiver konstruiert sein müssen, Reparaturen daher an sich umfangreicher und teurer sind, werden infolge der übermäfsig starken Inangriffnahme der Konstruktion durch die Erschütterungen die Reparaturen auch häufiger. Bei Ermöglichung von Gummibetrieb wären die Reparaturkosten daher bedeutend zu reduzieren.

Eine weitere Folge dieser Erschütterungen ist die Beeinträchtigung bezw. das Fehlen des Komforts der Fahrt. Auch dieser Nachteil ist mit Anbringung von Gummirädern behoben.

Die übermäfsige Gröfse der Wagen erfordert ferner einen unverhältnismäfsig höheren Kraftverbrauch. Die Reibung ist an sich sehr stark und nimmt zu bei Durchweichung der Strafse durch Regen oder Tauwetter. Die zur Fortbewegung notwendige Betriebskraft und deren Kosten sind daher hohe.

Dabei ist der Kraftverbrauch in diesem Umfange unnötig und daher unwirtschaftlich. Die Wagen sind wohl an Sonn- und Feiertagen vollständig in Anspruch genommen, gröfstenteils aber nur sehr mäfsig besetzt. Daher ist in der gröfseren Zahl der Fälle das Verhältnis der mitzubefördernden toten Last zur Nutzlast unverhältnismäfsig hoch; der gröfste Teil der Betriebskosten bleibt so ohne Äquivalent, unbezahlt.

Es bestätigt sich die Beobachtung, dafs die Wagen ein mäfsiges Gewicht nicht überschreiten sollen. Würden Wagen von der Hälfte des Gewichtes verkehren, so wäre zunächst die Anbringung von Vollgummirädern möglich, die Erschütterungen und deren Folgen geringer, der Komfort der Fahrt erhöht, die Inanspruchnahme der Strafsenbefestigung gemindert, Einsinken der Räder möglichst verhütet. Da mit Rücksicht auf die enge Umgrenzung des Verkehrsgebietes die Verkehrsschwankungen leicht zu überblicken und vorherzusehen sind, liefse sich bei zu erwartender gröfserer Frequenz ein zweiter Motorwagen oder ein Anhängewagen in Betrieb nehmen und so der gleiche Andrang bewältigen wie mit den jetzigen Wagen. Für die Regel aber würde ein Wagen laufen, der gut besetzt wäre und die aufgewendeten Betriebskosten möglichst rentieren würde. Der Reservemotorwagen wäre während der Nichtbenutzung vollständig geschont.

Elektrische Anlagen nach System Lombard-Gérin sind z. Z. im Betriebe:

in Frankreich eine Ringbahn im Parke zu Vincennes; ferner eine Linie zwischen Fontainebleau und Samois, beide für Personenverkehr, für Gütertransport eine Linie in Marseille;

in Deutschland eine Strafsenbahn in Eberswalde, ferner eine Strecke im oberschlesischen Industriebezirke;

in Italien: in Rom;

in Österreich-Ungarn: zwischen Ofen und Pest.

Die bisher bekannten Betriebsergebnisse sind durchgängig sehr günstig; der Trolleymotor funktioniert in sicherer Weise: nimmt Steigungen bis zu 10% und scharfe Kurven, steht bei Bremsung auch auf Steigungen sofort still; der Wagen selbst fährt auch auf schlechtem Pflaster, wie es z. B. in Eberswalde vorhanden ist, vollständig ruhig ohne Erschütterung.

Auch seitens der Postverwaltung wurden bereits Versuche mit Selbstfahrern unternommen.

Bei der Kais. Oberpostdirektion Berlin ist seit Oktober 1899 ein elektrischer Motorwagen, erbaut von der Motorfahrzeug- und Motorenfabrik Berlin A.-G., im Betriebe.

Derselbe ist mit 2 Hauptstrommotoren ausgerüstet, die bei 600 Touren pro Minute normal je 2,5 PS leisten.

Die Kraftübertragung geschieht von den beiden Motoren mittels einfacher Stirnradübersetzung auf die beiden Hinterräder. Das Wagenoberteil ist in Anlehnung an die einspännigen Paketbestellwagen hergestellt. Der Raum für die Accumulatoren befindet sich unter dem Führersitze; letzterer ist aufklappbar zum Revidieren der Accumulatoren. Zu beiden Seiten des Sitzes sind Thüren vorgesehen zum Einbringen der Batterie.

Die Anordnung dieses Raumes unter dem Sitze bietet aufser der leichten Zugänglichkeit noch den Vorteil, dafs er von dem Laderaum vollständig getrennt ist.

Die Accumulatorenbatterie besteht aus 44 Zellen und hat eine Kapazität von 100 Ampèrestunden.

Die mit diesem Wagen erzielten Betriebsresultate dürften von beson-
derem Interesse sein:

Der Wagen hat bis 1. Juli 1900 zurückgelegt

Wegstrecken in Kilometern

Monat	auf Eisenrädern	auf Gummirädern	Summa
Oktober 1899 . .	513	—	513
November » . .	89	—	89
Dezember » . .	245	554	799
Januar 1900 . .	212	713	925
Februar » . .	—	870	870
März » . .	402	561	963
April » . .	808	—	808
Mai » . .	715	—	715
Juni » . .	690	—	690
Summa	3674	2698	6372

Während der Schneeperiode lief der Wagen auf Gummi.

Der Ladeenergieverbrauch in den einzelnen Monaten betrug:

Monat	Gesamt-Wattstunden	Wattstunden pro Wagen-km
Dezember	231 160	352
Januar	370 040	396
Februar	359 480	413
März	352 880	366
April	302 500	374
Mai	247 720	346
Juni	234 190	340

Mittlerer Ladeenergieverbrauch pro Wagen-km 370 Wattstunden.

Mittlerer Fahrtenergieverbrauch »   »   » 270   »

»   »   pro Tonnen-km 90   »

Eigengewicht des betriebsfertigen Wagens   2315 kg

»   »   »   » inkl. Nutzlast 3000 kg.

Bei diesen Daten über Verbrauch an Wattstunden ist jedoch zu be-
rücksichtigen, dafs darin die Werte für den erhöhten Stromverbrauch im
Winter, sowie auch für Steigungen und für das sehr häufige Anfahren enthalten sind.

Zum Vergleich mag dienen, dafs ebenderselbe Wagen bei verschiedenen
Probefahrten einen Fahrt-Energieverbrauch von 50—55 Wattstunden pro
Tonnen-km erzielte.

Die Batterie wurde nach 2880 Wagenkilometern ausgewaschen. Die inzwischen eingesetzte Reservebatterie verblieb im Wagen bis Kilometer 3353, so daß die Betriebsbatterie mit einmaliger Auswaschung bis 1. Juli 1900 zurückgelegt hat: $2880 + (6382 - 3353) = 5909$ km.

Nach der Auswaschung zeigte die Batterie einen Kapazitätsverlust von 12%.

3. Betrieb der Motorposten.

Die Frage, in wessen Händen sich der Betrieb der Motorposten befinden soll, ob der Privatunternehmer oder des Staates, beantwortet sich nach dem Zwecke der Motorposten.

Deren Aufgabe ist in letzter Linie kultureller Natur: die Segnungen des modernen Verkehrs, welche dem größten Teile des Vaterlandes seit einem Menschenalter bereits zufließen, gleichmäßig über das ganze Land zu verbreiten. Eine derart allgemeine, von weiteren Nebenrücksichten unabhängige Förderung des Gemeinwohls steht derjenigen Stelle zu, die zur gleichmäßigen und unparteiischen Wahrnehmung aller Interessen weitaus am meisten berufen und am besten geeignet ist: dem Staate.

Die ausschließlich von wirtschaftlichen Interessen abhängigen Privatunternehmungen könnten sich nur auf den Betrieb rentabler Linien beschränken: eine prinzipielle, allgemeine Durchführung des Betriebes über das gesamte Land wäre von ihnen nicht zu erwarten. Die weniger gewinnbringenden, im Interesse der Landeskultur aber nicht minder notwendigen Verbindungen blieben schließlich doch dem Staatsbetriebe. Während er die Einkünfte gewinnbringender Routen dem Privatkapital überlassen müßte, könnte er deren Betrieb schließlich nur gegen hohe Ablösung überkommen.

Bei Übernahme der Motorposten auf den Staatsbetrieb wäre aber auch mit dem System der Posthaltereien zu brechen. Der räumliche Wirkungskreis des einzelnen Posthalters ist zu klein, seine finanzielle Leistungsfähigkeit als Einzelner zu gering, um den Motorpostbetrieb nach Art und Umfang so durchzuführen, daß er dem Verkehrsbedürfnisse genügt und gleichzeitig rentabel bleibt.

Wie ist aber nach den Anforderungen des Verkehrs und dem Gesichtspunkte der Rentabilität der Betrieb auszugestalten?

Der Verkehr der zwischen den Eisenbahnlinien gelegenen Gegenden läßt einen lokalen Verkehr der nächsten größeren Stadt mit ihrer ländlichen Umgebung und Wechselbeziehungen des Gesamtverkehrs mit dem offenen Lande erkennen.

Durchgängiges Merkmal der in Betracht kommenden Verkehrsgebiete ist deren geringe Ausdehnung und Bevölkerung.

Der lokale Verkehr zwischen Stadt und nächster Umgebung bildet keine Besonderheit der größeren Plätze; auch die kleine Stadt besitzt sog. »Vorortsverkehr«, ein bestimmtes Gebiet, mit dem sie fortlaufend in wirtschaftlicher Wechselbeziehung steht. Die Umgebung pflegt ihren gewöhnlichen Bedarf hauptsächlich in dieser Stadt zu decken; Geschäftsverbindungen, gerichtliche oder sonstige Verpflichtungen, Verwandtschaft, die

Konsultation des Arztes etc. veranlassen sie zu deren Frequenz. Andererseits ist die Stadt im Bezuge ihres Unterhaltes, der Artikel des täglichen Konsums und Wochenmarktes auf diese Umgebung verwiesen. Je besser die durch das bestehende Verkehrsmittel erzielte Verbindung, desto mehr werden die Distanzen vermindert, das Verkehrsgebiet erweitert.

Man kann nun z. B. aus doppelter oder vierfacher Entfernung wie vorher den Markt beziehen. Gegenstände, die, dem raschen Verderben unterliegend, bei einer bestimmten Entfernung von der Verbringung zum Markte ausgeschlossen waren, oder deren geringer Preis einen mit längerer Hin- und Rückfahrt verbundenen Zeitverlust nicht bezahlt machte, sind nun in vielleicht vierfacher Anzahl dem Markte zugängig gemacht. Damit ist die Konkurrenz der Angebote im Interesse der Stadt erhöht, die Preise der täglichen Bedarfsartikel werden vermindert und so die Lebensverhältnisse der Städte wesentlich verbilligt.

So geringwertig die in Frage stehenden Artikel für sich zu sein scheinen, so wichtig ist die Erhöhung ihrer Absatzmöglichkeit im Gesamtinteresse der Landwirtschaft. Werfen wir einen Blick auf den letzten Jahresbericht des bayerischen Landwirtschaftsrates, so begegnen wir der traurigen Konstatierung, dafs das Ermittelungsresultat für Bayern rechts des Rheines eine Verzinsung des Gesamtwertes (Verkehrswert) von nur 1,9 % und für die Pfalz eine solche von 1,5 % ergeben hat. Dagegen machen wir dabei die Konstatierung, dafs es neben der Viehzucht hauptsächlich Milch und die aus ihrer Verarbeitung gewonnenen Produkte sowie die übrigen Artikel des Wochenmarktes sind, die noch eine einigermafsen rentable Einnahmequelle der Landwirtschaft bilden, da bei ihnen das Verhältnis der Betriebskosten und des Arbeitsaufwandes zum Marktpreise noch am günstigsten ist. Der Hebung deren Absatzes durch Erweiterung des Zufuhrgebietes einer Stadt dürfte daher eine nicht zu unterschätzende Bedeutung beizumessen sein.

Wenn es Thatsache ist, dafs in den, nächst den gröfseren Städten — und nicht blofs den gröfsten — gelegenen Orten die Grundstückspreise, eben mit Rücksicht auf die Wechselbeziehungen zur Stadt und deren finanzielle und sonstige Vorteile, gegenüber dem Hinterlande bedeutend höhere sind, so würde die Zugängigmachung der aus dem Wechselverkehr resultierenden Vorteile für weitere Gebiete einerseits diesen monopolartigen Vorzug einzelner nächster Orte brechen und anderseits durch Schaffung gleicher Basis eine Nivellierung und Hebung des Durchschnittswertes für weitere Bezirke bringen.

Die Beziehungen des offenen Landes zu dem grofsen Gesamtverkehr ferner erfordern ein der Intensität des letzteren entsprechendes Verbindungsmittel. Die Intensität des heutigen Geschäftsbetriebes und die Verschärfung der Konkurrenzverhältnisse erfordern zunächst möglichst beschleunigte Korrespondenz. Der ebenbürtige Kontakt von Industrie und Handel des offenen Landes mit dem grofsen Markte und den Vorgängen auf demselben ist eine Bedingung deren Existenzfähigkeit. Je unmittelbarer daher der Anschlufs an die Hauptadern des Verkehrs durch die Motorposten gelingt, desto mehr ist den Interessen des offenen Landes gedient.

Während es ferner sonst dem Handel mit Rücksicht auf die geringe Absatzgelegenheit und die hohen Spesen eines längeren Besuches der Gegend mit Fuhrwerk ein wenig verlockendes Geschäft war, in das Hinterland einer Eisenbahnlinie vorzudringen, lohnt nun die Ersparung an Zeit und Kosten die Aufsuchung auch entlegener Gegenden, die Industrieerzeugnisse sind so dem offenen Lande eher und mit geringeren Spesen zuzuführen.

Der Güterverkehr erfordert möglichst unmittelbaren Verkehr zwischen Produzenten und Konsumenten. Rascher, direkter Transport eines Gutes an den Ort der Nachfrage schafft und erhöht Werte. Viele Gegenstände, die am Orte ihres Entstehens gar nicht oder nur zu geringen Preisen verwertbar sind, werden, wenn sie rasch an Orte befördert werden können, wo sie begehrt sind, gut bezahlt (schnell welkende Blumen, Gärtnereiwaren, Nahrungsmittel). Nachfolgende Beispiele, wenn auch nur für größere Verhältnisse zutreffend, sollen doch zum Nachweise der Thatsache angeführt sein: Die in den Wäldern von Masuren in großen Mengen wachsenden Morcheln, die dort ganz unverwertbar sind, gelangen als Eilgüter an Orte, wo sie einem kulinarischen Bedürfnisse entprechen. In ähnlicher Weise erhöhen die in den Gewässern Westpreußens vorkommenden Krebse ihren Wert durch Eilversand nach Paris. Die Rücken der Lüneburger Heidschnucken werden von Feinschmeckern am Rheine und in anderen Ländern hoch bezahlt.

Überblicken wir so die wirtschaftlichen Verhältnisse des Verkehrsgebietes der Motorpost: des Vorortsverkehrs der Städte, des Personen-, Post- und Güterverkehrs des offenen Landes, so kann uns nicht entgehen, daß sämtliche bezüglich der Art und Intensität des Verkehrsbedürfnisses das gleiche charakteristische Gepräge tragen: Sie alle verlangen zu ihrer Befriedigung und Hebung nach einem möglichst intensiven Verkehrsmittel. Zwar ein kleiner Verkehr in quanto, doch groß dessen Ansprüche in quali!

Soll demnach der Betrieb der Motorposten ein wirtschaftlicher sein, so muß er rasche Beförderung und häufige Fahrgelegenheit bieten.

Die bei den Schienenselbstfahrern bereits verwirklichte Betriebsweise dürfte auch hier im allgemeinen zu übernehmen sein.

In welcher Weise sich die Abwickelung des Betriebes im einzelnen zu gestalten habe, ist nicht aus einer allgemeinen Maxime zu beantworten, sondern nach den jeweils vorhandenen Einzelbedürfnissen zu beurteilen. Die in Betracht kommenden Verkehrsverhältnisse sind nach Umfang, Art und Zeit verschiedenartig gestaltet.

Besehen wir uns vor allem den ländlichen Personenverkehr. In den frühen Morgenstunden ziehen Marktleute, Käufer, Händler etc. gegen den nächstgelegenen größeren Ort. Diese Reisenden wollen in den Vormittagsstunden wieder zu Hause sein. In den späteren Morgenstunden wollen alle jene zur Stadt, welche bei Behörden, Rechtsanwälten, Verwaltungen, in Geschäftskontors etc. zu thun haben; ihre Geschäfte sind in der Regel bis Mittag abgewickelt. Nachmittags ist die Zeit der Vergnügungsbesuche, Ausflüge u. s. w.

Für alle diese gilt das Wort, daß Zeit Geld ist; es kommt hier weit mehr zur Bedeutung als bei Hauptbahnen, weil die Entfernung der Orte

eine viel zu geringe ist und die Benutzung der Fahrgelegenheit eine Zeit-
ersparnis nur bei sofortigem Anschluſs ohne Zuwarten bietet. Wenn bei
Benutzung der Post die Abwickelung eines Geschäfts mehr Zeit erfordert
(z. B. wegen ungünstiger Kursverhältnisse) als ohne sie, so wird eben der
eine zu Fuſs gehen, der andere eine der sonstigen sich darbietenden Fahrgelegenheiten benutzen und die Post nur im Notfalle aushelfen müssen.

Für diesen Verkehr wird sich jenes Verkehrsmittel am besten eignen,
das auch den vielseitigsten Wünschen nach Fahrgelegenheit seitens der
kleinsten Interessentenkreise in ökonomischer Weise Rechnung zu tragen
im stande ist. Eine entsprechende Deckung aller Verkehrsbedürfnisse wird
aber nur ein Betrieb mit ständigem Wagenverkehr bieten.

Anderseits erfordern die kleinen Verkehrsgebiete in den seltensten
Fällen Wagenzüge. Die geringe Anzahl jeweils vorhandener Passagiere läſst
sich mit kleinen Fahrzeugen befördern.

Die Bewältigung des intensivsten ländlichen Verkehrs verlangt daher
viele, nicht mit-, sondern neben- und nacheinander verkehrende
Wagen in ständigem Verkehr, m. a. W. trambahnmäſsigen Betrieb.

Dieser ist aber mit dem Selbstfahrer*) ohne weiteres zur Durchführung
zu bringen. Während die Eisenbahn infolge der Einheit der Betriebskraft
und deren Gemeinschaftlichkeit für viele Wagen geschlossene Züge verlangt
und infolge des Schienenweges zur Beibehaltung der gleichen Route gezwungen ist, gestattet die gegenseitige Unabhängigkeit der Motorwagen die
selbständige Benutzung jeden Wagens für gesonderte Zwecke, auf verschiedenen Wegen, in beliebiger Gröſse und Geschwindigkeit.

Eine Anzahl mehrerer kleinerer, in gewissen Zwischenräumen nacheinander die Fahrstrecke passierender Wagen wird demnach auch an Tagen
des stärksten Verkehrs dem Verkehrsbedürfnisse zu jeder Tageszeit zu genügen im stande sein.

Beispielsweise würden bei einer Strecke von 12 km sechs Wagen mit
einer Geschwindigkeit von 12 km p. h. zur Durchführung eines Zehnminuten-
betriebes ausreichen. Da die Geschwindigkeit bei freier und guter Bahn
ohne weiteres zu erhöhen ist, könnten mit der gleichen Anzahl Wagen auch
beliebig kürzere Zwischenräume genommen werden.

Vorübergehende gröſsere Verkehrsbedürfnisse eines nicht an der Kurslinie gelegenen Ortes lassen sich durch einen von einzelnen Wagen ge-
nommenen Umweg oder vorübergehende Einstellung eines besonderen Wagens
für diese Strecke befriedigen.

Schaffung oder Vermehrung von Haltepunkten ist leicht möglich, da
das Anfahren nicht wie beim Eisenbahnzug einen besonderen Aufwand an
Betriebskraft erfordert.

Konform dem Trambahnbetrieb der Städte lieſsen sich für verkehrs-
reichere Tage die Kurse in der Weise regeln, daſs Beginn und Ende des
Tagesbetriebes fixiert und für die Zwischenzeit entweder Viertelstunden-, Zehn-
minuten- oder Fünfminutenbetrieb annonciert würde, oder jeder Wagen

---

*) Wir sehen hier zunächst von dem, nur für besondere Verkehrsverhältnisse ge-
eigneten System Lombard-Gérin ab. Auf dasselbe wird unten zurückgekommen werden.

ohne weiteres ständig im Betrieb bliebe und Abfahrt nach entsprechender Besetzung desselben erfolgte.

Die mit einem solchen Betriebe geschaffene Garantie ständiger Fahrgelegenheit erhöht die Frequenz des Verkehrsmittels und damit die Einnahmen aus demselben.

Für gewöhnlich jedoch werden weniger Fahrgelegenheiten genügen, und die Erledigung etwaigen gröfseren Andranges bei einzelnen derselben wird durch Einstellung eines oder mehrerer Reservewagen bewirkt werden können.

Für die Regel werden daher bestimmte, der erfahrungsgemäfs zu erwartenden normalen Frequenz entsprechende Kurszeiten anzusetzen sein, während den Verkehrsschwankungen durch Einstellung von Reservewagen zu einem bestimmten Kurse oder Übergang zum tramwaymäfsigen Tagesbetrieb entsprochen wird.

Ob letzteres an einem bestimmten Tage der Fall sei, kann durch bestimmte Signale oder Fahnen, wie dies z. B. beim Sonntagsbetrieb der Eisenbahnen geschieht, dem Publikum annonciert werden.

Regulierung eines derart ausgestalteten Betriebes wird nur durch Centralisation desselben möglich sein:

Die zur Erledigung gröfseren Verkehrs erforderlichen Wagen sind bei gewöhnlichem Verkehr entbehrlich; bei der selbständigen Regelung des Wagenbedarfes durch jede Station müfste diese so viel Wagen ständig ohne Benutzung in Reserve halten, als zur Bewältigung des zu erwartenden stärksten Verkehrs erforderlich sind. Damit wäre an einer grofsen Anzahl von Orten Anhäufung einer beträchtlichen Menge toten Kapitals notwendig.

Da angenommen werden darf, dafs nicht sämtliche Plätze am gleichen Tage gleiche Verkehrsmehrung zu erwarten haben, erweist es sich als zweckmäfsiger, wenigstens den gröfseren Bedarf an Wagen von einer Centrale aus zu regeln. Dieselbe braucht effektiv nicht mehr Wagen in Reserve zu halten als die Deckung des Bedarfes des Tages im Jahre erfordert, der für mehrere Orte gleichzeitig den stärksten Verkehr bringt. Da es, wie erwähnt, kaum vorkommen wird, dafs besondere Anlässe zu gröfserem Verkehr auf den gleichen Tag zusammentreffen, wird sie mit einer geringen Anzahl von Wagen im stande sein, den aufsergewöhnlichen Bedarf sämtlicher Stationen ihres Bezirkes zu regeln. Eine z. B. für den Bereich eines Oberpostamtsbezirkes geschaffene Centrale ist zur Überblickung der jährlichen Verkehrsschwankungen des ihr unterstellten Bezirkes wohl in der Lage. Da sich nach der Stabilität unserer ländlichen Verhältnisse auf Grund der Erfahrungen vorausgehender Jahre von der einzelnen Station Zeit und Grad der zu erwartenden Verkehrsmehrung ziemlich genau wird im voraus bestimmen lassen, ist die jeweilige Bestellung des erforderlichen Maximalbedarfes, event. telegraphisch, so frühzeitig möglich, dafs die Wagen zur rechten Zeit an Ort und Stelle sind.

Auch für die gewöhnlichen ständigen Verkehrsschwankungen an bestimmten Wochentagen (Markt- und Gerichtstage) oder zu bestimmten Tageszeiten (Arbeits- und Schulbeginn und Ende) ist es nicht erforderlich, dafs jede Station für sich besondere Reservewagen halte. Da die gröfste Zahl von Postverbindungen des offenen Landes infolge ihrer Natur als Zufuhrstraßen zum Gesamtverkehr sich an einem größeren, an einer Eisenbahnlinie gelegenen Platze vereinigt, dürfte es sich empfehlen, diesen wiederum als Centrale der einzelnen Linien mit einem dem täglichen Höchstbedarf der Station entsprechenden Bestande an Reservewagen auszustatten und so in analoger Weise den Bedarf der umliegenden Linien zu decken.

Bei dieser centralistisch regulierten Betriebsweise kann stets eine der Größe des jeweiligen Bedarfes annähernd entsprechende Anzahl von Wagen zur Verfügung gehalten werden. Dabei ist eine Anhäufung unbenutzten Materials möglichst vermieden. Der Betrieb ist jedem Grade des Verkehrs, jeder vorübergehenden Schwankung desselben sofort anzupassen, die Abwickelung desselben daher die wirtschaftlichste.

Zwischen den einzelnen Motorpostlinien mit Personenbeförderung bleibt so ein Feld, in welchem Zu- und Abfuhr der Postsachen für sich durch eigene Fahrzeuge zu erfolgen hat.

Dieselben werden weniger umfangreich und stark konstruiert, als von hoher Fahrgeschwindigkeit sein müssen. Die Packete mögen wohl teilweise voluminös sein, doch ist deren Einzelgewicht gering, ihre Anzahl bei dem in Betracht kommenden größtenteils ländlichen Verkehr keine große; ebenso sind die Briefbeutel mit Rücksicht auf diesen Verkehr und die geringe Anzahl der an einem einzelnen Kurse beteiligten Ortschaften nicht schwer.

Ein geringpferdiger Motor entspricht daher dem Bedürfnisse. Andererseits gebieten die auf möglichst rasche Zuführung der Briefschaften gerichteten Verkehrsinteressen rasche, gleichmäßige und häufige Passierung möglichst vieler Ortschaften und möglichst unmittelbare Zuführung der aufgegebenen Briefschaften zum Hauptverkehr. Für diese Zwecke scheinen die Motordreiräder sehr geeignet. Sie vereinen, wie wir sahen, große Schnelligkeit mit geringem Gewichte, sind jedem Terrain gewachsen (Ergebnisse der Fahrt Berlin-Aachen, der Semmeringfahrt), sind daher für die Wege des entlegensten Ortes gebrauchsfähig; bei eintretenden Betriebsstörungen oder zu großen Geländeschwierigkeiten können sie durch Treten vom Fahrer fortbewegt werden, versagen demnach in keinem Falle.

Dem Verkehrsbedürfnisse wird am besten gedient sein, wenn dieselben in einem Felde zwischen verschiedenen Linien von Personenmotorposten möglichst viele Ortschaften täglich passieren und unter Umgehung vieler Zwischenstationen die gesamte Postaufgabe unverarbeitet einer größeren an der Hauptlinie der Eisenbahn gelegenen Verkehrsanstalt, vielleicht vermittelst des Personenwagens, direkt zuleiten.

Neben der raschen Berförderung wäre so eine Centralisation der Verarbeitung der gesamten Postaufgabe des Verkehrsgebietes in der Hand eines Beamten der größeren Verkehrsanstalt und damit günstigere Arbeitsteilung und Ersparung an Arbeit zu erzielen.

Die Kosten dieser Motordreiräder würden sich dadurch decken, daß je eines derselben mit seiner täglichen Leistung die Thätigkeit von mehreren Postboten zu ersetzen im stande ist. Während ein Postbote durchschnittlich 5 km per h. zurücklegen wird, ist das Motorrad leicht zur dreifachen Leistung befähigt, kann demnach innerhalb des gleichen Zeitraumes die nun von

3 Postboten zu begehende Gesamtstrecke zurücklegen. Dabei ermüdet die innerhalb des gleichen Zeitraumes auszuführende dreifache Leistung den Fahrer dés Motorrades nicht in dem Grade wie die Leistung des Postboten.

Auch der Güterverkehr des offenen Landes läßt sich durch Motorposten bedienen.

Jedenfalls der Stückgutverkehr.

Die grofse Aufnahmefähigkeit und Fahrleistung verleiht dem Motorwagen unbedingte Überlegenheit über die Pferdefuhrwerke. Ferner kommen demselben seine Freizügigkeit und Befähigung zu beliebig schweren und langen Transporten hier gut zu statten, da sie die Passierung möglichst vieler und beliebig weit voneinander gelegener Plätze in weitem Umkreise ermöglichen.

Fig. 10. Scheibler'scher Lastwagen.

Die Durchführung des Betriebes würde sich vielleicht in der Weise ermöglichen, dafs auf vorherige kostenfreie Mitteilung des Absenders an die Post über das Vorliegen, die Art und Gröfse der Sendung jeweils von einem Motorwagen event. Lastenzuge die Aufsammlung mehrerer in einem bestimmten Bezirke lagernden Frachten auf einer Route erfolgt und dieselben der nächsten Station der Bahnlinie zugeführt werden. Die vorherige Mitteilung ermöglicht die Regelung der Fahrten nach dem jeweiligen Bedarfe und Bestimmung des zu wählenden Wagens; durch Feststellung einer gemeinsamen Sammelstation für mehrere von Motoren befahrene Sammelbezirke wird sich die Gewinnung von Sammelladungen erzielen lassen.

Ob auch der Transport von Massengütern, wie er für bestimmte Etablissements oder bestimmte Zeiten (Saat- und Erntezeit) erforderlich wird, auf die Motorpost übernommen und event. durch Lastenzüge oder vorübergehend angelegte Feldbahnen erledigt werden soll; ob nicht ferner die an sich in das Geschäftsbereich des Spediteurs fallende Zuführung der Güter von und zu Eisenbahnstationen im weiteren Umfange in Staatsbetrieb zu übernehmen und einer Verstaatlichung der Spedition nahe zu treten wäre, soll hier, als grofsentheils aufserhalb der Aufgabe dieser Zeilen gelegen, unerörtert bleiben.

Es erübrigt noch, die finanziellen Chancen des Motorpostbetriebes zu untersuchen.

Bei nachfolgender Rentabilitätsberechnung sollen unter Vermeidung jeglichen Optimismus alle ungewissen Faktoren aufser Ansatz gelassen werden, so dafs die sich ergebenden Resultate mit einiger Sicherheit erwartet werden können, günstigere Erträgnisse bei höherer Frequenz und Verminderung der Spesen keineswegs ausgeschlossen, ungünstigere Erträgnisse aber weniger wahrscheinlich sein werden.

A. Wir beginnen mit dem räumlich wohl im weitesten Umfange in Betracht kommenden Explosionsmotorbetriebe.

Bei demselben gehen wir von der Berechnung der jährlichen Betriebskosten eines Wagens aus. Diese lassen sich in ständige, vom Betrieb des Wagens unabhängige, jährlich gleichbleibende Posten und unständige durch den Umfang des Betriebes bestimmte Posten: Betriebskosten scheiden.

I. Ständige Ausgaben.

1. Für Personal: Es entsteht hier die Frage, ob und inwieweit technisch geschultes Personal in Verwendung zu nehmen sei:

Die Verlässlichkeit des Wagenführers ist von gröfster Wichtigkeit; derselbe kann durch Unkenntnis und Leichtsinn grofsen Schaden für Material und Passagiere verursachen, anderseits bei einiger Sachkunde kleine Fehler sofort beheben und gröfseren Reparaturen vorbeugen. Nach den bisherigen Erfahrungen darf indefs gesagt werden, dafs ein gewöhnlich veranlagter Mann nach etwa 14 tägiger Schulung im stande ist, Konstruktion und Leitung eines Wagens zu erfassen und den Wagen selbständig zu fahren. Wagenführer aus dem Berufe der Monteure, Maschinenschlosser etc. dürften vor anderen jedoch den Vorzug verdienen.

Mehr als ein Mann ist für den Wagen nicht erforderlich; Auf- und Abspringen ist während der Fahrt nicht möglich. Der Wagen läfst sich daher bei Abfahrt abschliefsen. Verabfolgung von Billetten, Kontrolle der Billette etc., wie die Schaffnerdienste überhaupt, können daher vom Wagenführer während des Aufenthaltes des Wagens mitbesorgt werden.

Es dürfte nicht zu niedrig sein, wenn als mittlerer Jahresgehalt eines Wagenführers die derzeitige Bezahlung eines Bediensteten der Kategorie D III und zwar der 2. Altersklasse in Ansatz genommen wird (1140 Mk.).

2. Für Amortisation und Verzinsung. Wir berechnen für Amortisation 10 % und für Verzinsung samt Rückzahlungsquote 5 % des Anlagekapitals.

Dieses wird durch die Gröfse der verwendeten Wagen bestimmt. Wir beobachteten, dafs zu grofse Wagen unrentabel und für den gröfsten Teil der Strafsen nicht geeignet sind. Es dürfte daher über eine Belastung von 20 Personen nicht hinauszugehen sein. Unter Zugrundelegung einer Minimalbelastung von 4 Personen ergibt sich daher eine Durchschnittsbelastung von 12 Personen. (Fig. 11.) Wir legen daher als Durchschnittstype der Berechnung einen 14 pferdigen Benz-Wagen für 12 Personen (Tabelle IX) zu Grunde. Dessen Preis ist im Kataloge allerdings mit 8000 Mk. in Ansatz genommen, derselbe ist jedoch hier zu reduzieren. Die dortige Berechnung ist für eleganteste Ausstattung des Wagens für Sportzwecke gemacht. Ferner ist in Berücksichtigung zu ziehen, dafs, wie wir oben konstatieren konnten, je gröfser die Belastung, bezw. Pferdestärke eines Wagens, desto prozentual

Fig. 11. Personenomnibus der Firma de Dietrich u. Cie in Niederbronn (Elsass).

niedriger sein Preis ist, dafs daher auch das Mittel niedriger zu nehmen ist; endlich mit Engrosbezug eine bedeutende Preisreduktion verbunden sein wird.

Wir berechnen daher als Durchschnittseinkaufspreis 80 % von 8000 = 6400 Mk. — die Amortisation demnach auf 640 Mk. Verzinsung und Rückzahlungsquote auf 320 Mk., in Summa 960 Mk.

II. Unständige Ausgaben. (Betriebskosten):

1. Für Benzinverbrauch. Da Länge und Anzahl der täglichen Kurse aus technischen Gründen beliebig vermehrbar sind, ist eine gröfsere jährliche Gesamtkilometerzahl als die des bisherigen Betriebes der Berechnung zu Grunde zu legen. Zur Ermöglichung bestimmter Anhaltspunkte

soll jedoch von den jetzigen Betriebs- und Kursverhältnissen Ausgang genommen werden und sodann eine Berechnung der Kosten für die 2-, 3- und 4fache tägliche Gesamtstrecke erfolgen.

Nach der uns vorliegenden Statistik des Betriebsjahres 1898 treffen auf 623 Omnibuskurse und 220 Kariolkurse 12105798 km jährliche Gesamtfahrstrecke. Die auf einen Wagen entfallende tägliche Gesamtstrecke beträgt demnach 25 km oder 12½ km einfache Wegeslänge: die jährliche Gesamtfahrstrecke eines Wagens demnach 9125 km.

Die Kosten für Benzin betragen daher pro Jahr für einen 14pferdigen Wagen bei einem Preise von 0,45 Pf. pro PS-km 9125 × 14 × 0,45 = ca. 550 Mk.

2. Für Maschinenöl: Nach den gemachten Beobachtungen verhalten sich die Ausgaben für Maschinenöl zu den Ausgaben für Benzin wie 1 : 8 Der Preis beider pro kg ist ziemlich gleich. Die Jahresausgabe ist demnach in Ansatz zu nehmen mit ca. 70 Mk.

3. Für Reparaturen: Es wird nach den bisherigen Erfahrungen genügen, als Durchschnittsausgaben hier 5% in maximo zu berechnen. Mit Centralisation des Betriebes wird jedoch eine wesentliche Verbilligung zu ermöglichen sein. Mit jeder Centrale läfst sich eine Centralwerkstätte verbinden. Bezug der Reparaturteile, wie des übrigen Materials wird sich bei Engroseinkauf billiger stellen. Während eine Station eine ständige Arbeitskraft mit Reparaturen nicht ständig lohnend beschäftigen kann, wird die Centrale mehrere Personen in ständiger Verwendung halten können. Ersparung an der Gesamtzahl des Personals ermöglicht das Engagement tüchtigerer Kräfte. Die durch Schaffung der Centralwerkstätte ermöglichte regelmäfsige Auswechselung der im Betriebe befindlichen Wagen wird eine Kostenersparung auch insofern bringen, als wahrgenommene Mängel durch sofortige geringe Reparaturen behoben werden, während die Fortbenutzung des Wagens den Schaden vergröfsert und die Reparaturkosten erhöht hätte.

Wenn demnach auch angenommen werden darf, dafs die auf den einzelnen Wagen entfallende Jahresquote an Reparaturkosten sich erheblich niedriger stellen werde als bei Einzelunternehmungen, so soll doch vom Ansatz letzterer ausgegangen und eine Gesamtausgabe von 5% in Ansatz genommen werden (320 Mk.).

4. Für Gummi: Die Anbringung von Gummireifen wird nicht zu umgehen sein. Die durch Unebenheit des Terrains und Strafsenprofils verursachten Stöfse und Erschütterungen des Wagens werden durch sie aufgenommen und egalisiert. Die Fahrt wird ruhig und angenehm. Infolge des Wegfalls der Erschütterungen werden die einzelnen Motorteile möglichst geschont. Die Gummireifen sind für den Betrieb bei Schnee- und Eisverhältnissen sehr vorteilhaft, da sie grofse Adhäsion besitzen und Schleudern und Rutschen der Räder verhüten.

Die Abnutzung der Gummireifen wird verschieden sein je nach den Terrainverhältnissen, der Qualität der Strafsendecke und der Witterung. Guter Gummi wird auf guter Fahrbahn mehrere Jahre Dienste leisten. Wir nehmen daher als Durchschnittsabnutzungszeit 1 Jahr.

Der Kostenberechnung soll der Preis der derzeitig besten französischen Marke »Compound« zu Grunde gelegt werden:

Nehmen wir für die Hinterräder einen Durchschnittsdurchmesser von 1 m, für die Vorderräder von 0,8 m, so stellen sich für erwähnte Marke die Preise für beide Hinterräder auf 369 Fr.. für beide Vorderräder auf 308 Fr., in Summa = 677 Fr. = 541,6 Mk. — rund 550 Mk.

Die jährlichen Gesamtkosten eines Wagens betragen demnach bei 25 km täglicher Gesamtfahrt in maximo 3590 Mk.

Bei Verlängerung der täglichen Gesamtfahrstrecke erhöhen sich lediglich Position II, 1 (Ausgabe für Benzin) und II, 2 (Ausgabe für Maschinenöl).

Fig. 12. Personenomnibus aus der Motorfahrzeug- und Motorfabrik Berlin-Marienfelde.

Dieselben betragen für:

50 km tägl. Gesamtfahrt das Doppelte, nämlich II, 1 1100 Mk.

					II, 2	140	«	i. S. 1240 Mk.
75	»	»	»	» Dreifache,	»	II, 1	1650	»
					II, 2	210	»	i. S. 1860 »
100	»	»	»	» Vierfache,	»	II, 1	2200	»
					II, 2	280	»	i. S. 2480 »

Die jährlichen Gesamtkosten eines Wagens betragen demnach:

1. bei 25 km	2970 Mk.[1]	+ 620 Mk.[2]	= 3590 Mk.
2. » 50 km	2970 »	+ 1240 »	= 4210 »
3. » 75 km	2970 »	+ 1860 »	= 4830 »
4. » 100 km	2970 »	+ 2480 »	= 5450 »

[1] Pos. I, 1 + I, 2 + II, 3 + II, 4.
[2] Pos. II, 1 + II, 2.

— 74 —

Die jeweilige Zunahme der Gesamtkosten beträgt daher ca. 13%. Wir machen damit die wichtige Beobachtung, dafs die Verdoppelung der Leistung eine Steigerung der Gesamtkosten um nur 13% erfordert. Verbesserung der Verkehrsverhältnisse durch Vermehrung der Kurse oder Verlängerung der Fahrstrecken ist daher finanziell leicht durchführbar. *)

Dieselbe erweist sich geradezu als im finanziellen Interesse gelegen. Jede 13% übersteigende Mehrung der Frequenz bei Verdoppelung der Verkehrsgelegenheiten bedeutet eine Steigerung der Einnahmen gegenüber dem

Fig. 13. Personenomnibus der Daimler Motorengesellschaft Cannstatt.

status quo ante. Dafs sich aber bei Verdoppelung der Kurse die Frequenz um mehr als 13% heben werde, darf fast als sicher angenommen werden: Mehrung der Kurse erhöht daher die Rentabilität.

---

*) Sie erfordert auch keine Vermehrung des Personals; ein Mann legt bei einer Geschwindigkeit von 15 km p. h.:

mit einer täglichen Arbeitszeit von 6 h 90 km zurück

„   „   „   „   „ 8 h 120 km „

bei einer Geschwindigkeit von 12 km p. h.:

mit einer täglichen Arbeitszeit von 6 h 72 km zurück

„   „   „   „   „ 8 h 96 km „ .

Je größer die Anzahl der Verkehrsgelegenheiten, desto geringer ist der auf die einzelne Fahrt entfallende Anteil an den Gesamtkosten.

Die Kosten pro km berechnen sich:

bei 25 km tägl. Gesamtfahrt auf 0,39 M.

  » 50 » » » » 0,23 »

  » 75 » » » » 0,17 »

  » 100 » » » » 0,15 »

Je größer die täglich zurückzulegende Gesamtstrecke, eine desto geringere Frequenz des einzelnen Kurses genügt daher zur Deckung der Kosten desselben.

Dem bestehenden Bedürfnisse nach möglichst vielen Fahrgelegenheiten läßt sich daher durch den Motorpostbetrieb auch finanziell in weitestgehender Weise Rechnung tragen.

Für die Berechnung der Kosten der Reservewagen wird von der Annahme ausgegangen, daß bei entsprechender Regulierung des Bedarfes durch die Centrale auf jeden Reservewagen durchschnittlich eine halbjährige Benutzung entfalle. Die Bedienung der Wagen wird durch Aushelfer erfolgen können, die nach ihrer Verwendung bezahlt werden. Dieselben müßten wohl am Standorte des Reservewagens stationiert sein.

Die Kosten pro Tag werden demnach betragen für

Pos. I, 1 *): Kosten eines Aushelfers pro Tag . . . . .   3 M.

Pos. I, 2, II, 3 und II, 4: dieselben betragen pro Jahr 960 + 320 + 550 = 1830 Mk.; bei halbjähriger Verwendung der Wagen treffen demnach auf den Tag 1830 : 183 = ...   10 M.

Pos. II, 1: bei einer Fahrstrecke von 25 km: $25 \cdot 14 \, PS \cdot 0{,}45 =$ 1 M. 50 Pf.

Pos. II, 2 $= \dfrac{1{,}50}{8} = $ . . . .   0 » 20 »

Gesamtsumme   14 M. 70 Pf.

Da der Reservewagen nur dann in Verwendung zu treten hat, wenn der eigentliche Kurswagen besetzt ist, wird die Frage der Regulierung der Kosten desselben außer weiterer Behandlung gelassen, da, wie wir unten beobachten werden, die Einnahmen aus der Frequenz des Kurswagens einen Überschuß ergeben, der die Kosten des Reservewagens nahezu deckt.

Wenn im folgenden an die Berechnung der voraussichtlich aus dem Betriebe zu erwartenden Gesamteinnahme herangetreten wird, so sei um Rücksicht gebeten, wenn dieselbe zu sicheren Daten und einem festen Ergebnisse nicht führt. Man ist sich wohl bewußt, daß eine einigermaßen zutreffende Rechnung sich nur unter eingehender Würdigung und Abschätzung aller für eine einzelne Linie maßgebenden wirtschaftlichen Faktoren erzielen läßt. Hierfür fehlt uns das Material. Wir begnügen uns daher mit dem Versuche der Berechnung einer Mindesteinnahme.

Wenn auch an sich das gesamte Verkehrsgebiet einer Linie zur Grundlage der für dieselbe zu erwartenden Frequenz zu nehmen ist, so sollen

---

*) Einteilung wird obiger Berechnung der Kosten eines Wagens pro Jahr entnommen.

doch hier alle nicht ausschliefslich auf die Benutzung der Linie verwiesenen Orte aufser Betracht gelassen werden.

Wir scheiden daher alle am Endpunkte der Linie gelegenen Eisenbahnstationen, ferner alle nicht an der Kurslinie selbst gelegenen Orte aus und nehmen als Verkehrsgebiet lediglich die nicht an der Bahnstrecke gelegenen derzeitigen Halteplätze der Postomnibusse an.

Wir gewinnen dabei für Bayern ein Gesamtverkehrsgebiet von 838735 Personen.

Der Ermittelung des auf die einzelne Linie treffenden Verkehrsgebietes legen wir, wenn auch durch Einführung des Motorpostbetriebes eine bedeutende Reduktion der Kurse gegenüber dem derzeitigen Betriebe zu ermöglichen sein wird, die gesamte Anzahl der gegenwärtigen Kurse (623 Omnibuskurse und 220 Kariolkurse) zu Grunde.

Es ergibt sich sonach für jeden Wagen ein Verkehrsgebiet von mindestens 1000 Personen.

Die Höhe des jeweiligen Verkehrskoeffizienten d. h. die auf den Kopf der Bevölkerung des Verkehrsgebietes treffende Anzahl von Fahrten entzieht sich bestimmter Berechnung. Wir werden jedoch nicht irre gehen, wenn wir behaupten, dafs bei völliger Identität der wirtschaftlichen Verhältnisse und Verkehrsbeziehungen der Verkehrsgebiete der Motorposten mit denen der Lokalbahnen der durchschnittliche Verkehrskoeffizient der letzteren auch für die Motorposten angenommen werden darf.

Die Verkehrskoeffizienten der derzeit bestehenden Lokalbahnlinien sind:

1. für Gemünden—Hammelburg	4	20. für Günzburg—Krumbach	6
2. » Übersee—Marquartstein	10	21. » Passau—Freyung	5
3. » Eichstätt Bh.—Stadt	10	22. » Forchheim—Höchstadt a/A.	5
4. » Neustadt S.—Bischofsheim	4	23. » Cham—Kötzting—Lam	6
5. » Feucht—Wendelstein	14	24. » Neustadt S.—Königshofen	4
6. » Neustadt—Vohenstraufs	3	25. » Kitzingen—Geroldshofen	6
7. » Landsberg—Schongau	5	26. » Erlangen—Herzogenaurach	13
8. » Erlangen—Gräfenberg	7	27. » Freilassing—Tittmoning	8
9. » Hof—Naila—Marxgrün	7	28. » Grafing—Glonn	10
10. » Münchberg—Helmbrechts	8	29. » Selb Bh.—Selb Stadt	6
11. » Neumarkt—Beilngries	6	30. » Kellmünz—Babenhausen	5
12. » Roth—Greding	4	31. » Wicklesgreuth—Windsbach	7
13. » Bad Reichenhall—Berchtesgaden	12	32. » Dinkelscherben—Thannhausen	5
14. » Zwiesel—Grafenau	3	33. » Cham—Waldmünchen	5
15. » Neusorg—Fichtelberg	9	34. » Langenzenn—Wilhermsdrf.	10
16. » Forchheim—Ebermannstadt	11	35. » Traunstein—Ruhpolding	19
17. » Traunstein—Trostberg	7	36. » Kempten—Pfronten	18
18. » Jossa—Brückenau	5	37. » Schnaittach—Hüttenbach	11
19. » Hafsfurt—Hofheim	10	38. » Wolnzach—Mainburg	4
		Summa	288

Der Durchschnittskoeffizient beträgt demnach $\frac{288}{38} = 7,7$.

Die durchschnittliche Fahrlänge für eine Person berechnen wir auf 12 1/2 km: die derzeitige Durchschnittslänge einer Omnibuslinie. Da sich die Durchschnittslänge der Motorpostlinien bedeutend erhöhen wird, dürfte es nicht unrichtig sein, die ganze Länge von 12 1/2 km in Ansatz zu nehmen, zumal der gröfste Teil der Frequenz auf die beiden Endstationen als gröfsere Verkehrspunkte entfallen wird.

Da für den Grad der zu erwartenden Frequenz die Preise der Fahrt von bestimmendem Einflufs sind, erfordert die Zugrundelegung des Verkehrskoeffizienten der Lokalbahn auch möglichste Annäherung an die Höhe der Fahrpreise derselben. Wir nehmen mit Rücksicht auf die Kürze der in Betracht kommenden Strecken als Preis pro km 5 Pf.: die Hälfte des derzeitigen Fahrpreises der Postomnibusse.

Die Durchschnittseinnahme aus einer Fahrt beträgt demnach 12 1/2 × 5 = 65 Pfg.

Zur Deckung der Kosten würde daher in einem Verkehrsgebiet von 1000 Personen bei

einer täglichen Gesamtfahrstrecke von km	jährl. Gesamtkostenbetrage pro Jahr von M.	ein Verkehrskoeffizient von
25	3590	5,4
50	4210	6,2
75	4830	6,9
100	5450	8,3

erforderlich sein.

	tägl. Fahrstrecke		jährl. Gesamtkosten			
Bei 25 km		u. 3590 M.		kostet der Betrieb	9,75 M.	pro 1 Tag
» 50 »		» 4210 »		» » »	11,50 »	
» 75 »		» 4830 »		» » »	12,75 »	
» 100 »		» 5450 »		» » »	15,00 »	

Nehmen wir die Durchschnittslänge eines Kurses zu 12 1/2 km, so kostet demnach der einzelne Kurs bei 25 km 4,88 M.
»   50   »   2,90   »
»   75   »   2,13   »
»   100   »   1,85   »

Bei einer Einnahme von 65 Pf. pro Fahrt einer Person ist zur Deckung der Kosten eines Kurses daher eine Besetzung erforderlich
bei 25 km tägl. Fahrstrecke von 7—8 Personen
»   50   »   »   »   »   4—5   »
»   75   »   »   »   »   3—4   »
»   100   »   »   »   »   2—3   »

Bei voller Besetzung eines Wagens ergibt sich demnach eine Reineinnahme
bei 25 km tägl. Fahrstrecke von 2,92 M. pro Kurs
»   50   »   »   »   »   4,90   »   »   »
»   75   »   »   »   »   5,67   »   »   »
»   100   »   »   »   »   5,95   »   »   »

Unter Zugrundelegung eines Durchschnittskoeffizienten von 7,7 würde sich die Bilanz eines Verkehrsgebietes von 1000 Personen stellen wie folgt:

Gesamtjahreseinnahme wäre 5005 M. (7700 $\times$ 0,65 M.)

Bei einem Gesamt-
kostenbetrage
$\left\{\begin{array}{l}\text{von } 3590 \text{ M.} \\ \text{» } 4210 \text{ »} \\ \text{» } 4830 \text{ »}\end{array}\right.$
würde sich demnach
ein Überschuß
$\left\{\begin{array}{l}\text{von } 1415 \text{ M.} \\ \text{» } 795 \text{ »} \\ \text{» } 175 \text{ »}\end{array}\right.$

ergeben, während bei einem Kostenbetrage von 5450 M. eine Mindereinnahme von 445 M. vorhanden wäre.

Für ein Verkehrsgebiet von ca. 838 700 Personen würde daher

bei 25 km tägl. Gesamtfahrstrecke ein Überschuß von 1 187 185 M.

» 50 » » » » » » 667 005 »

» 75 » » » » » » 146 825 »

» 100 » » » eine Mindereinnahme von 373 221 »

resultieren.

Nach der Statistik des Betriebsjahres 1898 weist die Bilanz des derzeitigen Omnibusbetriebes eine effektive Ausgabe von

3 179 495 M. aus.

Da obige Berechnung durchgängig von Mindestansätzen ausgeht, darf daher behauptet werden, daß die Einführung des Motorpostbetriebes mit Explosionsmotoren gegenüber der nunmehrigen Bilanz

bei 25 km tägl. Fahrstr. eine Erübrigung von mindestens **4,3 Millionen M.**

» 50 » » » » » » » **3,8** » »

» 75 » » » » » » » **3,3** » »

» 100 » » » » » » » **2,8** » »

bedeuten würde!

B. Bei nachfolgender Kostenberechnung für den neben den Explosionsmotorwagen zunächst in Betracht kommenden Elektromotorbetrieb mit Accumulatoren legen wir gleichfalls eine Durchschnittstype zu Grunde, und zwar einen 15 sitzigen Wagen aus der bereits erwähnten Fabrik von Lohner & Co. in Wien.

Das Gesamtgewicht dieses Wagens beträgt 3 t, seine Nutzlast 1 t, das Accumulatorengewicht 1,16 t, die Motorstärke 5 PS in minimo und 12 PS in maximo.

Der Preis des kompletten Wagens stellt sich auf ca. 12 000 M., der Preis der Accumulatoren allein auf ca. 2000 M.

I. Unständige Betriebskosten:

1. Stromverbrauch: Nach den gemachten Beobachtungen dürften bei einer Durchschnittsgeschwindigkeit von 12—16 km p. h. und einem Nutzeffekte von ca. 65—70 % pro t-km 100 Wattstunden in Ansatz zu nehmen sein. Als Strompreis nehmen wir hier pro Kilowatt 12 Pf.: ein Preis, der sich

bei Selbsterzeugung des Stromes oder größerem, ständigem Bezuge aus einem Werke wohl erzielen lassen läßt. Der Preis des Wagenkilometers berechnet sich demnach auf ca. $\dfrac{300 \times 12 \times 100}{1000 \times 70} = 5,1$ Pf.

2. Unterhaltung der Batterie: Da die Lebensdauer einer Batterie durch die verschiedenartigsten Umstände (Terrain, Straßenbeschaffenheit, Jahreszeit, Behandlungsweise etc.) teils auch unvorhersehbarer Natur beeinflußt ist, sind bestimmte Daten hier sehr schwer zu geben. Wir legen daher der Berechnung die mit bestimmten Batterien gemachten Erfahrungen zu Grunde. Danach würde sich auf eine Ladeperiode (von ca. 25 km) ein Betrag von 1 M. 50 Pf. für Abnutzung der Batterie repartieren.

3. Sonstige Unterhaltskosten: Wie bei Position II, 3 der Kostenberechnung des Explosionsmotorwagens nehmen wir hier eine Quote von 5 % des Anschaffungspreises;

4. ebenso für Gummi bei Gleichheit der zu Grunde liegenden Verhältnisse den gleichen Betrag wie bei Position II, 4 der Kostenberechnung für Explosionsmotorwagen.

II. Ständige Ausgaben:

1. Führerlohn: Auch hier liegen die Verhältnisse gleich wie bei der analogen Position der Kostenberechnung der Explosionsmotoren: Wir übernehmen daher den Ansatz der dortigen Position I, 1.

2. Dagegen ist die Amortisation des Wagens mit Rücksicht auf die erfahrungsgemäß intensivere und raschere Abnutzung des Elektromotors höher zu stellen und mit vielleicht 15 % zu berechnen.

3. Für Verzinsung endlich berechnen wir 4 %.

Unter Zugrundelegung einer Durchschnittsstrecke von $12\frac{1}{2}$ km und einer täglichen Gesamtstrecke von 25 bezw. 50, 75 und 100 km ergibt sich demnach:

bei	25 km	50 km	75 km	100 km
1. als Gesamtjahresstrecke	9125 km	18 250 km	27 375 km	36 500 km
2. als Betrag der Gesamtjahreskosten				
für Position I, 1 . . ' . .	465,37 M.	930,74 M.	1396,11 M.	1861,48 M.
» » I, 2	547,5 »	1095 »	1642,5 »	2190 »
» » I, 3	600 »	600 »	600 »	600 »
» » I, 4	600 »	600 »	600 »	600 »
» » II, 1	1140 »	1140 »	1140 »	1140 »
» » II, 2	1800 »	1800 »	1800 »	1800 »
» » II, 3	480 »	480 »	480 »	480 »
in Summa	5633 M.	6646 M.	7659 M.	8672 M.

Demnach berechnen sich:

bei	25 km	50 km	75 km	100 km
der Wagenkilometer auf	61,73 Pf.	36,42 Pf.	27,97 Pf.	21,59 Pf.
der Tonnenkilometer auf	15,43 »	9,11 »	6,99 »	5,39 »
Die Kosten betragen:				
für einen Betriebstag	15,43 M.	18,21 M.	20,97 M.	21,59 M.
für eine Fahrt	7,72 »	4,55 »	3,49 »	2,69 »
Zur Deckung der Kosten ist daher nötig:				
1. eine Frequenz pro Fahrt (bei einem Fahrpreise von 5 Pf. p. km und 60 Pf. p. Fahrt) von ca. .	13 Pers.	8 Pers.	6 Pers.	5 Pers.
2. eine Frequenz pro Jahr von ca.	9490 »	11680 »	13140 »	14600 »
demnach:				
3. bei einem Verkehrsgebiete von 1000 Personen ein Koeffizient von	9,4	11,6	13,1	14,6
oder:				
4. bei einem Koeffizienten von 7,7, ein Verkehrsgebiet von ca. . .	1230 Pers.	1520 Pers.	1840 Pers.	1890 Pers.

C. Da bei dem Lombard-Gerinschen Systeme neben den blofsen Kosten eines Wagens auch die der Leitung in Frage kommen, dürfte es sich als zweckmäfsig erweisen, nicht wie bei den anderen Systemen von der Berechnung der Kosten eines Wagens, sondern des Wagen- bezw. Tonnenkilometers Ausgang zu nehmen.

Nach den bei dem Betriebe der Pariser Compagnie de Traction par Trolley-Automoteur gemachten Beobachtungen stellen sich die Kosten wie folgt:

I. Betriebskosten:

1. Stromverbrauch: Derselbe betrug bei mäfsig gut erhaltener Fahr-strafse ca. 120 Wattstunden pro t-km. Das Gewicht des Wagens beträgt 3,6 t bei einer mittleren Nutzlast von 1 t; pro Wagenkilometer berechnet sich daher der Stromverbrauch auf: $0,120 \times 4,6 = 0,552$ Kilowatt; daher die Kosten (bei einem Preise von 0,12 M. pro Kilowattstunde) des Wagen-kilometers auf $0,552 \times 12 = 6,624$ Pf.

2. Fahrpersonal: pro Wagenkilometer ca. 7,2 Pf.

3. Unterhaltung der Wagen und Depots: ca. 4 Pf. pro Wagenkilometer.

4. Gummi:*) Unter Zugrundelegung eines Betrages von ca. 600 M. pro Jahr ergibt sich, für Zehnminutenverkehr nach beiden Richtungen während 12 Stunden täglich, d. i. 52500 Wagenkilometer pro km Strecke, als Kostenbetrag pro Wagenkilometer: 600 : 52500 = 1,14 Pf.

Fig. 14. Inneres eines Lombard Gérin'schen Wagens.

II. Anlagekosten:

1. Preis des kompletten Wagens inkl. Motor, Trolley-Wagen, Widerstand und Montage: 14500 M.

2. Kosten der Leitungsanlage: Pro km sind erforderlich:

    a) 45 Stück Doppelisolatoren mit zugehörigem Tragwerk, Stahldrähten, Spannisolatoren, Kugelisolatoren bezw. Tragvorrichtung für Auslegermaste,

    b) 2 Stück Blitzableiter mit Verbindungsleitungen und kupfernen Erdplatten,

c) 8 Stück einfache Verankerungen, einschliefslich Stahldraht, Iso-
   latoren und Reguliervorrichtung,
d) 2100 m hartgezogener Kupferdraht von 8,25 mm Durchmesser,
e) Montage,
f) Licenzkosten,
   Gesamtpreis pro km exkl. Masten: . . . . 8500 M
g) 50 Stück Holzmaste von 10,5 m Länge und 20 cm
   Stärke fertig à 35 M. . . . . 1750 M.
   Gesamtkosten pro km Leitung . . . . 10 250 M.

Nehmen wir auch hier eine Fahrstrecke von ca. 12 km an, so entfallen an Kosten des Wagens pro km: 14 500 : 12 = 1208 M.

Die Gesamtanlagekosten pro km berechnen sich demnach auf:

$$1208 + 10 250 = 11 458 \text{ M.}$$

Bei Annahme von 10 % Amortisation und 4 % Verzinsung pro km
Leitung repartiert sich demnach auf das Jahr für Anlage:

$$114,58 \cdot 14 = 1604,12 \text{ M.}$$

Bei Zehnminutenbetrieb, d. i. 52 500 Wagenkilometer pro km Strecke,
entfällt daher auf den Wagenkilometer an Anlagekosten:

$$1604,12 : 52 500 = 3,06 \text{ Pf.}$$

Dazu die Betriebskosten pro Wagenkilometer:

$$(6,624 + 7,2 + 4 + 4 + 1,14) = 22,964 \text{ Pf.}$$

Die Gesamtkosten des Wagenkilometers betragen daher: 26,024 Pf.;
die Kosten des Tonnenkilometers daher — bei einem Wagengewichte von
4,6 t — 5,66 Pf.

Zur Rentabilität wäre demnach unter Zugrundelegung eines Preises
von 5 Pf. p. km eine Mindestfrequenz von ca. 5—6 Personen pro Wagen
und Kilometer erforderlich, was bei Zehnminutenbetrieb bereits eine
bedeutende Intensität des Verkehrs zur Voraussetzung hat.

Ziehen wir die Konsequenz dieser rechnerischen Daten, so sehen wir,
dafs das Lombard-Gerinsche System den gröfsten, der Elektromotorbetrieb
mit Accumulatoren den nächstgröfsten, doch bereits bedeutend geringeren,
das Explosionsmotorsystem den niedrigsten Verkehrskoeffizienten erfordert.

Das Lombard-Gerinsche System wird sich daher nur für den Verkehr
in nächster Nähe gröfserer Städte, für intensiven Saisonbetrieb (Sommer-
frische- und Badeorte) eignen, wobei es sich ja allerdings noch bedeutend
billiger stellt als Schienenanlagen. Das dem Elektromotorwagen mit Accumulatoren zufallende Gebiet ist der Verkehr in und in der Nähe minder
frequenter Plätze, während das offene Land das Feld des Explosionsmotors
bleiben wird.

---

*) Bei schwereren Wagen wird es sich empfehlen, statt Gummi-Einlagen
geprefsten Hanfes zur Verwendung zu bringen, die bei gleichem Effekt bedeutend
widerstandsfähiger und billiger sind.

So wird sich in rentabler und entsprechender Weise ermöglichen lassen, den Verkehrsbedürfnissen sämtlicher nicht am Schienenwege gelegener Plätze zu genügen, die Verkehrsadern über das ganze Land zu verbreiten, die Maschen des Netzes zu schliefsen.

Wenn es auf diese Weise gelungen sein wird, die durch die Eisenbahnen inaugurierte Modernisierung des Verkehrs und Verkehrslebens zum prinzipiellen Ausbau und harmonischen Abschlufs zu bringen und damit die Basis für eine gleichmäfsige wirtschaftliche und kulturelle Hebung des offenen Landes zu schaffen und so einen räumlichen und geistigen Zusammenschlufs des ganzen Landes zu erzielen, dann ist ein gut Stück Arbeit im Dienste der Kultur des Vaterlandes vollbracht.

www.ingramcontent.com/pod-product-compliance
Lightning Source LLC
Chambersburg PA
CBHW031451180326

41458CB00002B/726